L'HOMME DE LA BARMA-GRANDE

(BAOUSSÉ-ROUSSÉ)

ÉTUDE DES COLLECTIONS RÉUNIES

DANS LE

MUSEUM PRÆHISTORICUM

Fondé par le Com^{te} THOMAS HANBURY

PRÈS DE MENTON.

PAR

Le Docteur R. VERNEAU

FR. ABBO, ÉDITEUR

BAOUSSÉ-ROUSSÉ, PRÈS DE MENTON

1899

L'HOMME DE LA BARMA-GRANDE

(Baoussé-Roussé)

IMPRIMERIE A.-G. LEMALE, HAVRE.

L'HOMME DE LA BARMA-GRANDE

(BAOUSSÉ-ROUSSÉ)

ÉTUDE DES COLLECTIONS RÉUNIES

DANS LE

MUSEUM PRÆHISTORICUM

Fondé par le Com^{te} THOMAS HANBURY

PRÈS DE MENTON

PAR

Le Docteur R. VERNEAU

— ·· · ·· ◄◆► ·· ———

FR. ABBO, ÉDITEUR

BAOUSSÉ-ROUSSÉ, PRÈS DE MENTON

—

1899

L'HOMME DE LA BARMA-GRANDE

(BAOUSSÉ-ROUSSÉ)

AVANT-PROPOS

Les découvertes qui ont été faites depuis un demi-siècle dans les grottes des Baoussé-Roussé ont vivement appelé, sur ces cavernes, l'attention du monde savant. Les simples curieux, les touristes, ont, eux-mêmes, été intéressés par les objets préhistoriques en pierre, en os, en coquille, etc., que les fouilles mettaient au jour. L'extraction des premiers squelettes humains fit sensation; mais ils avaient été emportés au loin, et il n'en restait que le souvenir aux Rochers-Rouges. Seul, un crâne humain, accompagné d'ossements d'animaux et d'un certain nombre d'instruments primitifs, figure dans le Musée de Menton, où peu de personnes vont le voir; il a été exhumé de la Barma-Grande, au mois de février 1884, par M. Julien.

Aujourd'hui, tous ceux qui fréquentent la Côte d'Azur font une excursion aux Baoussé-Roussé

1.

dans le but de contempler les restes des hommes
préhistoriques trouvés dans les cavernes. C'est
qu'en effet, les recherches poursuivies sans
relâche par M. Abbo depuis le mois de février 1892, ont abouti à la découverte de cinq
nouveaux squelettes, qui sont restés sur les
lieux. Toute une industrie primitive, rencontrée
dans le voisinage des ossements humains ou à un
niveau inférieur, montre ce qu'étaient capables
de faire les vieux habitants du littoral méditerranéen. Néanmoins, l'importance des trouvailles
n'a pu être appréciée à sa véritable valeur que
par un petit nombre de savants spéciaux. Quelques amateurs ont pu tirer profit de leur excursion aux Baoussé-Roussé; mais, il faut bien le
dire, la plupart des touristes, insuffisamment
préparés aux études préhistoriques, sont partis
sans avoir sensiblement augmenté la somme de
leurs connaissances. Aucun ouvrage sommaire
n'existait pour leur permettre de comprendre
l'intérêt de ce qu'on leur mettait sous les yeux.
Les travaux consacrés aux cavernes des Rochers-
Rouges sont cependant nombreux; mais ils consistent en mémoires trop spéciaux, disséminés,
d'ailleurs, dans une foule de publications qu'il
n'est pas toujours facile de se procurer, ou en
livres volumineux, qu'on n'a pas le temps de
lire.

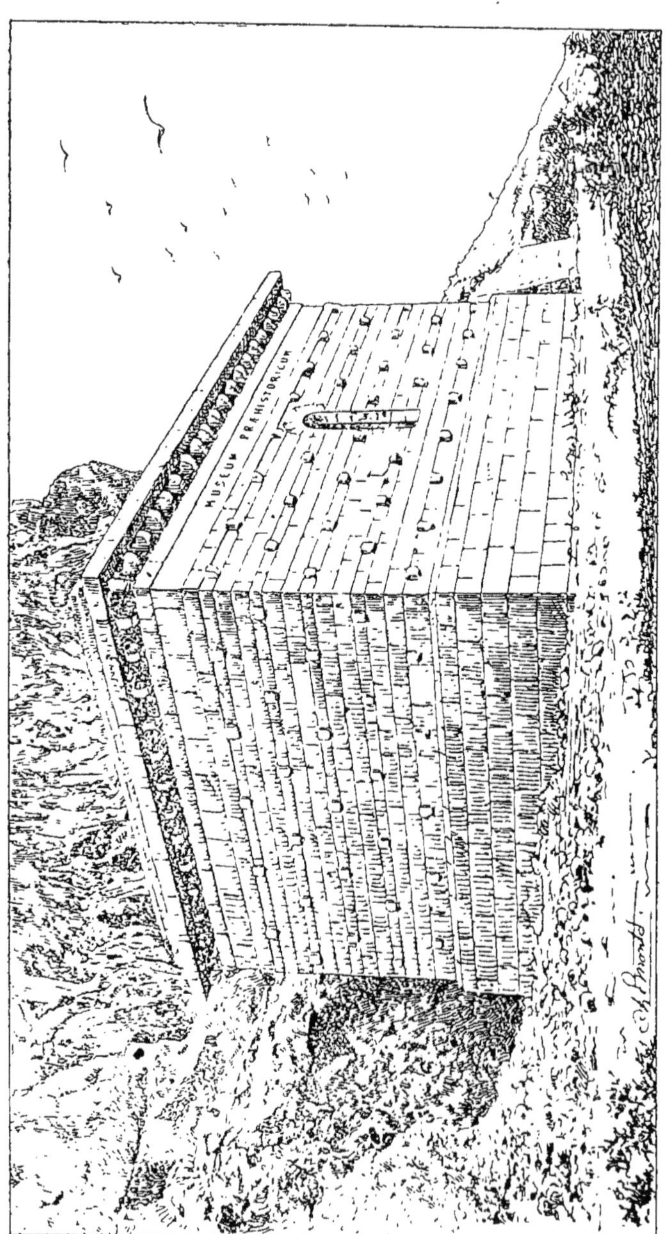

Fig. 1. — Le Musée préhistorique, aux Baoussé-Roussé.

Aussi ai-je pensé qu'un petit opuscule serait bien accueilli. L'heure m'a semblé propice pour le publier, car, d'ici peu, tous les objets recueillis par M. Abbo dans la Barma-Grande vont être réunis dans un Musée construit en avant de la grotte, où il sera facile de les examiner. Grâce, en effet, à M. Il Commendatore Thomas Hanbury, un édifice s'élève aujourd'hui à deux pas de la caverne et, sur la façade, on lit : MUSEUM PRÆHIS-TORICUM. C'est là que vont être classés tous les objets précieux récoltés au cours des fouilles.

M. Hanbury est bien connu des nombreux touristes qui vont passer l'hiver à Menton. En 1867, ce riche Anglais, qui avait longtemps séjourné en Chine, acheta le vaste domaine de la Mortola, situé à mi-chemin entre Menton et Vintimille. Il y créa un magnifique jardin d'acclimatation, qui comprend aujourd'hui plus de 4,000 espèces végétales cultivées en plein air, sans compter les plantes qui garnissent les potagers. On y trouve des végétaux de toutes les parties du Monde : Chine, Japon, Égypte, Canaries, Mexique, Californie, etc., etc. La maison d'habitation, qui occupe le centre de la propriété, le *Palazzo Orengo*, est un véritable musée.

Non content d'avoir créé une telle merveille, M. Hanbury a fondé des écoles pour les enfants des villages voisins; il a fait don, à la ville de

Menton, d'une fontaine monumentale, érigée à l'extrémité du boulevard de Garavan, en face de la station du tramway. Cet homme, qui distribue des graines aux jardins botaniques du monde entier, qui fonde des écoles, qui s'intéresse à toutes les questions scientifiques, ne pouvait pas rester indifférent aux découvertes archéologiques qui se faisaient à côté de son domaine. Par ses soins, les objets recueillis par M. Abbo seront bientôt classés méthodiquement dans le *Museum Præhistoricum*, et, dans un avenir assez rapproché, un catalogue de cette collection sera, sans doute, publié.

Mais, jusqu'à ce que ce classement soit effectué, il n'était guère possible de songer à faire une description complète de toutes les pièces qu'a livrées la Barma-Grande. D'ailleurs, avant de rédiger un catalogue raisonné, il était peut-être bon d'écrire un petit livre résumant ce que nous savons à l'heure actuelle sur les Baoussé-Roussé en général. J'étais un peu préparé à écrire ce travail, car, au mois de février 1892, j'avais été chargé d'une mission pour étudier les pièces qui venaient d'être découvertes et, au mois de mars de cette année, j'ai fait un deuxième voyage aux Baoussé-Roussé pour compléter mes études. J'ai lu à peu près tout ce qui a été publié sur la question ; j'ai livré moi-même à la publicité plusieurs mémoires qui contiennent les résultats de mes observations.

Il m'a paru utile de faire précéder mon travail d'une Introduction, qui contient quelques généralités sur les époques géologiques et sur l'Homme préhistorique. J'ai voulu ainsi mettre tous ceux qui voudront bien le lire en état de profiter de leur lecture. Pour ne pas abuser de leur temps, j'ai résumé, autant qu'il m'a été possible de le faire, les données que nous possédons sur les cavernes des Rochers-Rouges et spécialement sur la Barma-Grande. Enfin, dans le but de permettre, même à ceux qui ne possèdent que peu de loisirs, de se faire une idée de l'intérêt des recherches qui ont été faites, j'ai concrété dans les quelques pages qui constituent le dernier chapitre les faits exposés dans les chapitres précédents et j'ai cherché à en tirer les conclusions qui s'en dégagent.

De nombreuses figures faciliteront au lecteur l'intelligence du texte. Presque toutes ont déjà paru dans *L'Anthropologie* et ont été gracieusement mises à ma disposition par l'administration de cette Revue, que je tiens à remercier de sa libéralité.

Je ne me dissimule pas, néanmoins, que mon opuscule est encore bien imparfait. Beaucoup de questions restent à l'état de problème, et je me suis gardé de les donner comme résolues. Il m'a paru préférable d'indiquer les lacunes qui existent dans nos connaissances que d'essayer de les combler par des hypothèses.

Paris, 24 août 1899.

INTRODUCTION

I. — Époques géologiques.

S'il est un fait aujourd'hui bien démontré, c'est que la terre n'a pas toujours eu l'aspect que nous lui connaissons. Les géologues nous disent qu'elle fut d'abord à l'état de fusion et que, par suite de refroidissement, elle se solidifia peu à peu en dehors. Elle était entourée d'une atmosphère qui renfermait beaucoup de vapeur d'eau ; cette vapeur, en se condensant, donna naissance à des pluies extrêmement abondantes qui, tombant sur la croûte terrestre, y formèrent une nappe liquide ininterrompue. A ce moment de son évolution, notre planète ne présentait aucun relief à sa surface ; mais les gaz, les vapeurs emprisonnées à l'intérieur de la croûte solidifiée, la soulevèrent en certains points et firent surgir, au milieu d'un océan sans fin, des îlots d'abord, puis des continents plus vastes. La température était alors trop élevée pour qu'aucun être organisé pût vivre sur la terre ; c'est pour cette raison qu'on a appelé cette période *époque azoïque*, c'est-à-dire *sans animaux*.

La température s'abaissant de plus en plus, les mers déposèrent dans leurs profondeurs les matériaux que les eaux tenaient en dissolution ou en suspension ; il se forma ainsi des couches qu'on désigne sous le nom de *terrains de sédiment*. Lorsque la température fut assez basse, des végétaux et des animaux d'une organisation très simple prirent naissance. Cette période est l'*époque paléozoïque*, ou des *animaux anciens*.

L'abaissement de la température continua ; de nouvelles couches se déposèrent à la surface de l'écorce terrestre, dont l'épaisseur s'accrut en dehors. En même temps la solidification d'une partie de la masse primitivement en fusion augmentait l'épaisseur de la croûte en dedans. Les forces volcaniques soulevèrent de nouvelles terres. Au fur et à mesure que les conditions d'existence se modifièrent, d'autres êtres organisés firent leur apparition ; les plus récents étaient d'une organisation plus compliquée que les anciens. Pendant cette *époque secondaire* ou *mésozoïque*, c'est-à-dire des *animaux intermédiaires*, les reptiles, les sauriens, les batraciens pullulèrent. Certains reptiles, tels que les *pélosaures*, atteignaient 25 mètres de longueur.

La troisième période a reçu le nom d'*époque tertiaire*. C'est à ce moment que commence l'époque *néozoïque*, ou des *animaux récents*, qui se continue de nos jours. La température était encore élevée pendant la troisième période ; aussi les plantes et les animaux qui apparurent alors appartiennent-ils à des genres qui ne comptent plus de représentants que dans le voisinage des tropiques. Les mammifères commencent à devenir nombreux à cette époque.

Les phénomènes de refroidissement s'accusèrent à la quatrième période ou *époque quaternaire ;* les glaciers apparurent à la surface du globe et s'avancèrent assez loin dans la direction de l'Équateur. C'est à cette extension des glaciers que cette quatrième phase doit d'être appelée souvent *époque glaciaire*. La formation des terrains de sédiment cessa presque entièrement, mais les eaux courantes entraînèrent des matériaux arrachés aux assises anciennement émergées et les déposèrent plus loin en donnant naissance à des couches qui ont reçu le nom d'*alluvions*. En même temps que se produisaient ces phénomènes, de nouvelles espèces animales et végétales venaient s'ajouter à celles qui avaient apparu antérieurement ou remplacer celles qui disparaissaient.

Enfin, les glaciers se retirèrent; la terre acquit le relief que nous lui voyons actuellement; les plantes et les animaux devinrent ce qu'ils sont de nos jours; l'*époque actuelle* succéda aux temps quaternaires, dont elle n'est, pour beaucoup de géologues, que la continuation.

Les phénomènes que je viens de rappeler se produisirent lentement, et on passe d'une époque à l'autre d'une façon insensible. Grâce à la paléontologie, on est arrivé à reconnaître l'âge relatif des différentes couches qui forment l'écorce terrestre. Il est facile, en effet, de comprendre que les plantes et les animaux d'autrefois ont laissé leurs débris à la surface du sol et que les couches qui se sont formées plus tard ont recouvert ces restes. Par suite, la découverte, dans une couche non remaniée, d'êtres organisés permet d'indiquer l'âge de l'assise elle-même. On donne le nom de *fossiles* à tous les débris de plantes et d'animaux qu'on rencontre dans les couches qui se sont formées avant le commencement de l'époque actuelle.

II. — **L'ancienneté de l'Homme.**

Les êtres organisés les plus simples ayant apparu les premiers et ayant été remplacés par des êtres de plus en plus compliqués, l'homme, le plus élevé de tous en organisation, a dû apparaître le dernier. A quelle époque doit-on placer la date de cette apparition? C'est une question qui ne s'est posée pour ainsi dire que de nos jours. On s'était demandé si la création biblique d'Adam et d'Ève n'avait pas été précédée d'une autre création, d'où seraient sortis les *gentils*, mais alors les discussions ne roulaient que sur des textes extrêmement ambigus. Cependant, en présence des découvertes qui se faisaient de tous côtés, il fallut bien admettre que l'homme avait existé à des époques dont l'histoire ne fait pas mention. Dans les *kjökkenmöddings* ou amas de débris de cuisine du Danemark, dans les *skovmoses* ou marais à forêts du même pays, dans les vieux tombeaux des pays scandinaves, au milieu des pilotis qui ont jadis supporté des habitations élevées sur les lacs de la Suisse, on rencontrait des preuves de l'existence de tribus qui avaient vécu à une époque fort reculée. Peu à peu on arriva à cette conclusion qu'avant d'employer le fer pour fabriquer ses outils, l'être humain avait eu recours au bronze et qu'à une époque plus ancienne il avait complètement ignoré l'usage des métaux ; il se servait alors d'instruments en pierre. On divisa donc en trois âges le passé de l'humanité : 1° l'âge de la pierre ; 2° l'âge du bronze ; 3° l'âge du fer. Toutefois, si on était arrivé à démontrer l'existence de l'homme préhistorique, on ne songeait pas à reporter au delà du début de notre époque géologique la date de l'apparition de nos premiers ancêtres.

Cependant, des découvertes remontant au début du XVIII° siècle avaient permis de constater, à Canstadt, la présence de débris humains dans une couche qui renfermait des ossements d'animaux aujourd'hui disparus de nos contrées. En 1715, on avait recueilli dans une carrière de gravier exploitée en Angleterre des silex qui avaient été certainement travaillés par un être intelligent et qui étaient associés à des restes d'éléphant. Mais on n'avait pas attaché d'importance à ces trouvailles, et cela se conçoit : la paléontologie, c'est-à-dire la science qui s'occupe des plantes et des animaux ayant vécu aux époques anciennes, n'était pas encore née.

Au début de notre siècle, de nombreux débris d'industrie humaine furent trouvés associés à des ossements d'animaux éteints, et cependant lorsque mourut Cuvier, le fondateur de la paléontologie (1832), ce grand naturaliste doutait encore que l'homme eût vécu aux époques antérieures à la nôtre.

Les découvertes se multiplèrent rapidement. Parmi les savants qui firent avancer le plus la question de l'homme fossile, il convient de citer Boucher de Perthes, le marquis de Vibraye, Édouard Lartet et tant d'autres. De tous les côtés on rencontra, dans des couches qui s'étaient formées pendant l'époque quaternaire et qui n'avaient pas été remaniées, les preuves de la contemporanéité de l'homme et des animaux qui ont vécu à cette époque. Ici ce sont des armes, des outils en pierre qui n'ont pu être fabriqués que par nos ancêtres ; là, ce sont des sculptures ou des gravures qui représentent avec tant de fidélité les mammifères de la période glaciaire qu'il faut bien admettre que l'artiste les a eus sous les yeux; ailleurs ce sont les restes de l'homme lui-même qui ont été recueillis à côté d'ossements d'animaux éteints. Aux Eyzies (Dordogne), MM. Lartet et Christy ont rencontré une vertèbre de jeune renne traversée par une pointe de silex qui était restée dans l'os après avoir tué l'animal, preuve bien évidente que l'homme vivait à côté de lui et lui donnait la chasse.

En somme, les faits qui démontrent l'existence de l'être humain pendant l'époque quaternaire, et même dès le début de cette époque, sont aujourd'hui si nombreux que pas un savant ne songe à en contester la réalité.

L'homme a-t-il apparu à une époque antérieure ? A-t-il vécu pendant cette époque tertiaire qui a vu apparaître tant de mammifères ? C'est un point qui est encore bien controversé à l'heure actuelle. Pour les uns, il faut voir la preuve de l'intervention humaine dans certaines incisions qu'on observe sur des ossements d'animaux tertiaires ou dans certains silex dont les formes seraient le résultat d'un travail intentionnel ; pour les autres, les incisions sont dues à la dent de quelque carnassier et les silex ne sont pas taillés intentionnellement ou sont moins anciens qu'on ne l'a prétendu. Malgré la tendance que j'éprouve à accepter l'existence de l'homme tertiaire, je dois bien reconnaître que les preuves qu'on en a données ne sont pas assez démonstratives pour entraîner la conviction dans tous les esprits. Il est donc prudent, avant de se prononcer d'une façon définitive, d'attendre des faits plus probants.

Il se pourrait fort bien, d'ailleurs, que les entailles, les outils qu'on a attribués à un être humain fussent le fait de quelque précurseur de l'humanité, d'un être intermédiaire entre les grands singes et l'homme. Cette hypothèse, qui a été lancée jadis par G. de Mortillet, n'avait réuni qu'un petit nombre d'adhérents. Aujourd'hui la question a fait un pas : l'homme-singe, l'*anthropopithèque*, comme l'appelait le savant que je viens de nommer, a été découvert à Java par un médecin de l'armée hollandaise, le docteur Eugène Dubois, qui l'a nommé *pithecanthropus*, c'est-à-dire singe-homme, ce qui, en somme, exprime la même idée que le mot anthropopithèque.

III. — **Subdivisions de l'époque quaternaire.**

Les époques qui ont précédé la période géologique

actuelle ont été de longue durée, et, pour les étudier fructueusement, les géologues et les paléontologistes ont établi des subdivisions. Bien que l'époque quaternaire ait été moins longue que les autres, elle n'en a pas moins duré fort longtemps, car quelques savants ont été jusqu'à lui assigner une durée de 200,000 ans. Ce chiffre parait assurément exagéré. Il n'en est pas moins vrai que, pendant les temps quaternaires, les conditions climatologiques ne sont pas restées les mêmes du commencement à la fin, que les espèces animales et végétales se sont modifiées et que l'industrie humaine a subi une évolution qui n'a pu s'opérer que dans l'espace de centaines de siècles. Il est donc évident que lorsqu'on parle d'homme quaternaire, sans s'expliquer davantage, on emploie une expression bien vague. C'est pour faire cesser ce vague qu'on a cherché à subdiviser les temps quaternaires en époques secondaires. Édouard Lartet avait préposé une classification basée sur la prédominance de telle ou telle espèce animale à un moment donné. Il a établi ainsi les quatre divisions suivantes :

1º Époque de l'ours des cavernes.

2º Époque du mammouth et du rhinocéros à narines cloisonnées.

3º Époque du renne.

4º Époque de l'aurochs.

Chacune de ces époques finit lorsque l'animal qui la caractérise cesse de se montrer dans les couches géologiques. J'ai suivi dans leur énumération l'ordre d'ancienneté.

La classification de Larlet n'a qu'une valeur purement locale, mais elle s'applique assez bien au sud de la France.

G. de Mortillet, dans son livre intitulé : *Le Préhistorique*, a donné une classification qui repose principalement sur les différences industrielles, mais qu'il s'est efforcé de mettre en accord avec les phénomènes géologiques et avec la paléontologie. Elle a joui d'une telle vogue que je reproduis intégralement le tableau qui se trouve dans son ouvrage.

Tableau de la classification des temps quaternaires par M. Gabriel de Mortillet

NOMS	CLIMATS	ACTIONS GÉOLOGIQUES	PALÉONTOLOGIE VÉGÉTALE	PALÉONTOLOGIE ANIMALE	INDUSTRIES
Magdalénien.	Froid et sec.	Formation du diluvium rouge. Dépôt atmosphérique.	Mousses polaires en Wurtemberg.	Homme, race de Laugerie basse. Grand développement de la faune du nord : renne, saïga. Extinction de l'*Elephas primigenius*.	Gravures et sculptures. Instruments en os. Déchéance de la pierre. Beaucoup de lames. Burin caractéristique. Double grattoir.
Solutréen.	Température douce.	Très courte relativement. Continuation des terrasses. Retrait des glaciers.		Homme? Chevaux très abondants. Développement du *Cervus tarandus*, *Elephas primigenius*, plus de rhinocéros.	Vers la fin, apparition des instruments en os. Perfection de la taille de la pierre. Pointes taillées sur les deux faces et aux deux bouts. Pointes à cran. Origine et large développement du grattoir.
Moustérien.	Froid et humide.	Formation des terrasses. Grande extension des glaciers. Exhaussement du sol.		Homme, race d'Engis et de l'Olmo. *Ovibos moschatus. Ursus spelœus, Rhinoceros tichorhinus, Elephas primigenius.*	Pas d'instruments en os, Dédoublement de l'instrument chelléen. Pointes, racloirs, scies, retouchés d'un seul côté.
Chelléen.	Chaud et humide.	Lehm supérieur Alluvions des hauts niveaux. Remplissage des vallées. Affaissement du sol.	Plantes du bassin méditerranéen dans la vallée de la Seine et de Canstadt.	Homme race de Néanderthal et de la Naulette. Développement des cerfs. Hippopotame. *Rhinoceros Merkii* (forme pliocène). *Elephas antiquus.*	Pas d'instrument en os. Un seul outil, l'instrument chelléen, toujours en roche locale.

De nombreux reproches ont été adressés à cette classification. Ce qui est incontestable, c'est qu'elle s'applique tout au plus à la Gaule, et encore ne peut-elle être considérée que comme provisoire.

Dans ce tableau, l'époque la plus ancienne est celle de Chelles, la plus récente celle de La Madeleine.

Il m'arrivera, dans le cours de ce travail, d'emprunter des expressions tantôt à la classification de Lartet et tantôt à celle de Mortillet; il me fallait donc les exposer toutes les deux pour être compris des lecteurs.

IV. — **Évolution de l'industrie pendant l'époque quaternaire.**

Pendant toute la durée de l'époque quaternaire, l'homme a fabriqué de nombreux outils en pierre, dont aucun n'est poli. Plus tard, au début de l'époque actuelle, nos ancêtres ont encore employé la pierre pour en tirer des instruments variés; mais alors nous trouvons un certain nombre d'outils qui ont été polis en les frottant sur une autre pierre servant de *polissoir*. Il a donc fallu diviser la période de la pierre en deux âges :

1° L'âge de la pierre taillée ou *époque paléolithique ;*
2° L'âge de la pierre polie ou *époque néolithique.*

Il est nécessaire d'ajouter, d'ailleurs, que pendant la seconde époque une foule d'armes et d'outils ont simplement été taillés comme pendant l'époque précédente, mais les différences dans le travail permettent généralement de les reconnaître. Lorsqu'on parle d'époque de la pierre taillée ou d'époque paléolithique, on entend donc la période qui correspond à l'ensemble des temps quaternaires.

A. — Au début de ces temps, l'homme travaillait très grossièrement ses outils. A l'aide d'un caillou, qui lui servait de marteau ou *percuteur*, il détachait de grands éclats d'un bloc ou *nucléus* et ces éclats étaient à peine retaillés. Si l'éclat présentait une forme allongée, s'il était mince et tranchait sur les bords, on l'utilisait comme *couteau;* s'il se terminait en pointe aiguë, on s'en servait pour armer l'extrémité d'une *lance* en bois (1). Des fragments de grès, de calcaire, de silex ont été retaillés sur le pourtour de façon à en amincir les bords; ils sont devenus des *racloirs*. Des *disques*, dont on s'explique difficilement l'usage, ont été rencontrés dans des couches de cette époque. Mais l'instrument de beaucoup le plus caractéristique est celui qui a reçu le nom de *hache* et qu'on doit plutôt considérer comme une massue. Cette hache présente une forme particulière, se rapprochant plus ou moins de celle d'une amande. Elle est taillée sur ses deux faces, mais toujours à grands éclats, comme tous les instruments, d'ailleurs, qu'on rencontre dans les mêmes couches. G. de Mortillet pense que beaucoup de ces haches devaient être tenues directement à la

---

(1) D'autres outils, moins aigus et retaillés pour obtenir une extrémité pointue, ont reçu le nom de *perçoirs*.

main et il leur a donné le nom de *coup-de-poing*. Il en est qui mesurent jusqu'à 25 centimètres de longueur. On en a trouvé un grand nombre dans la Somme, notamment à Saint-Acheul; plus tard, un gisement important a été découvert près de Paris, dans la balastière de Chelles. C'est du nom de ces gisements qu'on a tiré les noms d'*acheuléenne* et de *chelléenne* pour caractériser cette première époque.

B. — A la période suivante, appelée *époque du Moustier*, tous les outils en pierre sont encore taillés à grands éclats. L'homme a continué à se servir du *percuteur ;* il fabriquait toujours des *lames*, des *disques*, des *racloirs* et des *perçoirs* fort analogues à ceux de l'époque de Saint-Acheul. Certains racloirs présentent, sur les bords, des dents qui les ont fait considérer comme des *scies*. Mais la hache en forme d'amande devient rare. Cette massue est remplacée par une *pointe* mince, qui, à cause de sa faible épaisseur, pouvait pénétrer facilement dans les chairs. Dès que nos ancêtres commencèrent à tailler la pierre, ils obtinrent assurément des éclats triangulaires, à pointe aiguë, dont ils durent armer l'extrémité d'un bâton. S'étant rendu compte des avantages d'une telle arme, ils renoncèrent à peu près complètement à la massue de Saint-Acheul et s'ingénièrent à fabriquer des pointes de lance meurtrières. Pour leur donner plus de force de pénétration ils enlevèrent souvent des éclats sur les bords afin de les amincir.

A l'époque du Moustier, l'homme a commencé à utiliser les esquilles d'os, les stylets de cheval pour en faire des sortes de *poinçons* ou d'*alènes*. Tout le travail a consisté à en user une extrémité par le raclage ou le frottement.

C. — Avec le temps et l'expérience l'habileté des ouvriers qui travaillaient le silex se développa d'une façon remarquable. On continua à utiliser les *percuteurs*, les *lames*, les *pointes*, les *racloirs*, les *perçoirs* des époques précédentes. Ces instruments sont de mieux en mieux travaillés, mais ils restent identiques au fond. A Solutré, nous voyons apparaître un nouveau type d'outil : c'est le *grattoir*. Qu'on se figure une lame de silex allongée, à bords à peu près parallèles, dont une extrémité a été retaillée de façon à obtenir un biseau tranchant, de forme convexe, et on aura une idée de l'outil. Mais ce qui reste tout à fait caractéristique de l'industrie solutréenne, c'est la grande *pointe en forme de feuille de laurier*, retouchée sur les deux faces avec une habileté dont on se fait difficilement une idée quand on n'a pas vu l'objet. On en connaît qui mesurent près de 30 centimètres de longueur et dont l'épaisseur maxima ne dépasse guère un centimètre. Quelques pointes plus petites dénotent tout autant d'adresse ; je veux parler de celles qui ont été taillées de manière à obtenir un *cran* vers la base. L'aileron ainsi façonné rendait l'arme très redoutable, car une fois que la pointe avait pénétré dans le corps d'un animal, elle s'y trouvait retenue par cette saillie latérale. Enfin, à cette époque, on a rencontré des *burins* en silex, qui ont dû servir à travailler les objets en os (*poinçons, sifflets*, etc.) trouvés en assez grand nombre à Solutré et à ébaucher les quelques *gravures*, les quelques *sculptures* rudimentaires qu'on y a recueillies.

D. — A la Madeleine et dans les stations de la même époque, les outils en silex se montrent généralement moins finis qu'à Solutré ; ils n'en dénotent pas moins une grande habileté, une sûreté d'exécution remarquable et surtout une étonnante sagacité. L'ouvrier paraît avoir obtenu sans la moindre difficulté l'outil dont il avait besoin. Les *lames* ressemblent à celles des époques précédentes ; le *grattoir*, rare jusqu'ici, devient très abondant ; il est fort bien retaillé à l'extrémité la plus large. On trouve des *scies*, des *perçoirs*, dont la pointe a été retouchée avec un soin méticuleux, et de nombreux *burins*.

Une partie de ces outils était destinée à travailler l'os ou le bois de renne. Cet animal pullulait dans certaines régions et il fournissait aux hommes qui le chassaient, non seulement sa chair et sa peau, mais aussi ses bois, excellente matière première pour fabriquer une foule d'objets. On en tirait des *pointes de lances* et de *flèches*, tantôt cylindriques et terminées en pointe à une extrémité seulement, tantôt barbelées, soit d'un côté, soit des deux côtés à la fois ; le nombre et la forme des barbelures varient à l'infini. C'est avec le bois du renne que nos chasseurs confectionnaient des espèces de petits fuseaux un peu recourbés qui, attachés par le milieu, pouvaient servir d'*hameçons*, et qu'ils fabriquaient aussi leurs *harpons*. De l'os, ils tiraient des *poinçons*, des *lissoirs*, des *aiguilles*, des *poignards*, etc.

Ce n'était pas seulement à la fabrication d'objets usuels qu'était employé le bois de renne; on en a rencontré de grands morceaux percés d'un ou plusieurs trous ronds et ornés de gravures ou de sculptures en bas-relief. Lartet les a considérés comme des *bâtons de commandement;* d'autres veulent y voir des chevêtres ayant servi à atteler le renne, qui, dans cette hypothèse, aurait été domestiqué. Des phalanges de renne, percées d'un trou, sont désignées sous le nom de *sifflets de chasse;* des plaques d'os marquées d'encoches sont regardées comme des *marques de chasse.*

A cette époque, l'homme était artiste.

Il a représenté, au moyen de la *gravure* et de la *sculpture* une foule d'animaux qui vivaient autour de lui, et souvent avec une telle fidélité qu'on peut en reconnaître les espèces. Il a exécuté également quelques figurines humaines, qui se font généralement remarquer par la saillie exagérée de leurs fesses ; mais ces figurines sont loin d'être aussi parfaites que les rennes ou les autres animaux que l'artiste choisissait plus volontiers comme sujets.

Dans les contrées où le renne était peu abondant, comme dans les environs des Baoussé-Roussé, l'homme de cette époque était privé d'une grande ressource. Aussi était-il obligé de suppléer en partie au moyen de la pierre à l'absence de bois de cet animal pour la fabrication de ses pointes de lance ou de flèche. On trouve alors une pointe en silex, rappelant celle de l'époque du Moustier, mais retouchée avec un soin tout spécial sur les bords et à l'extrémité.

V. — L'homme de l'époque quaternaire et son genre de vie.

Si nous sommes certains que l'homme vivait dès le début de l'époque quaternaire, nous n'en connaissons pas encore les caractères physiques. Ce que nous savons, c'est qu'à ce moment la température était encore douce ; l'éléphant antique, le rhinocéros de Merck, l'hippopotame, etc., ont laissé leurs os dans les graviers de Chelles, et tous ces animaux étaient organisés pour un climat chaud. Par suite, nos ancêtres pouvaient vivre à l'air libre ou sous des abris rudimentaires. Ils erraient dans les plaines, sur les plateaux, le long des cours d'eau surtout, car c'est là qu'on a rencontré le plus grand nombre d'outils de l'époque, sans avoir besoin de se couvrir de vêtements. Entourés d'animaux redoutables, ils étaient obligés de se défendre contre eux, et, lorsqu'ils en avaient mis à mort, ils utilisaient certainement leur chair pour se nourrir. D'ailleurs le gibier ne manquait ni dans les plaines, ni dans les fleuves ; et, armés comme ils l'étaient, les hommes d'alors devaient facilement pourvoir à leur alimentation.

A l'époque du Moustier la température s'était sensiblement abaissée. Les mammifères des pays chauds s'étaient éteints, et si, à côté de l'ours des cavernes, nous trouvons un rhinocéros (le rhinocéros à narines cloisonnées) et un éléphant (le mammouth), ces animaux étaient couverts d'une épaisse toison qui leur permettait de résister au froid. Aussi l'homme fut-il obligé de rechercher des abris. Les cavernes situées sur les bords des fleuves, inondées jusque-là, se découvrirent par suite de l'abaissement des eaux ; il y établit sa demeure et devint *troglodyte*. Il fut obligé de couvrir sa nudité et il confectionna des vêtements avec la dépouille des animaux qu'il abattait. Les racloirs lui servaient à préparer les peaux, les poinçons à y percer des trous pour les fixer ensemble à l'aide de lanières. Il se livrait toujours à la chasse et faisait entrer dans son alimentation des végétaux sauvages et des racines, ainsi que l'indique l'usure considérable de ses incisives.

Nous connaissons, en effet, la race qui vivait alors dans nos contrées. De petite taille, avec un crâne déprimé, un front très fuyant, des arcades sourcilières formant un bourrelet énorme au-dessus de grands yeux arrondis, ces individus avaient les mâchoires projetées en avant et le menton extrêmement fuyant. Ils semblent avoir été dans la nécessité, étant donnés les caractères de leurs fémurs et de leurs tibias, de marcher légèrement fléchis sur leurs jambes. Cette race, aujourd'hui assez bien connue, est appelée race de *Canstadt*, de *Néanderthal* ou de *Spy*, du nom des localités où l'on en a découvert les restes les plus intéressants.

A cette race a succédé plus tard la belle race de *Cro-Magnon* ou des *Baumes-Chaudes*, dont nous retrouverons des représentants aux Baoussé-Roussé et que je décrirai à la fin de cet opuscule. Le climat étant toujours froid, elle continua à vivre dans des grottes

et à se couvrir des vêtements de peaux, dont elle
assemblait les différentes pièces à l'aide de ces
aiguilles en os que j'ai signalées. Bien mieux armés
que leurs prédécesseurs, ces hommes robustes devaient
se procurer une abondante nourriture, et avec d'autant plus de facilité que le renne, le cheval et bien
d'autres animaux qui entraient dans leur alimenta-
tation formaient de nombreux troupeaux sauvages.
Aussi eurent-ils des loisirs qu'ils utilisèrent à déve-
lopper leurs instincts artistiques; ce sont eux qui exé-
cutèrent ces gravures, ces sculptures si remarquables
que j'ai mentionnées plus haut. Ils montraient aussi
un goût très prononcé pour les objets de parure et,
afin de se procurer de belles coquilles, ils faisaient un
commerce d'échange de tribu à tribu. Ces peuplades
devaient avoir une véritable hiérarchie. Peut-être
possédaient-elles des croyances religieuses, car certaines pendeloques ont été considérées comme des
amulettes. En tout cas, il est certain qu'elles entou-
raient de soins leurs morts, et les inhumaient dans
les cavernes mêmes qui leur servaient d'habitation.

VI. — L'homme de l'époque néolithique.

La race de Cro-Magnon survécut à l'époque quaternaire. Elle traversa toute la période de transition entre
cette époque et l'époque actuelle, période sur laquelle
nous commençons à avoir des renseignements, grâce
surtout aux recherches de M. Piette. Au début de notre

époque, elle vivait encore dans des grottes et s'adon-
nait à la chasse. Mais le renne ayant émigré, elle per-
dit une de ses plus grandes ressources. Son industrie
s'en ressentit; il lui fallut suppléer au bois de renne
par la pierre. De nouveaux types d'instruments furent
inventés, notamment une sorte de hache ou *tranchet*,
qui n'était pas poli à son extrémité la plus large, mais
qui se terminait néanmoins par un biseau tranchant.
L'expérience avait appris à l'homme à reconnaître les
meilleures pierres, celles qui s'éclataient le mieux et
qui donnaient les plus grands éclats; il sut distinguer
les bons silex des mauvais et il fabriqua des outils
remarquables par leurs dimensions. Peut-être en ar-
riva-t-il à la longue à découvrir sur place le moyen
de polir quelques-uns d'entre eux.

Bientôt arrivèrent des envahisseurs, les uns à tête
courte et à face large, les autres à tête longue, ellipti
que et à face étroite Ils étaient armés de flèches pour-
vues de pointes barbelées en silex, savaient polir
leurs instruments en pierre et faire de grossières poteries. Ils avaient domestiqué des animaux et culti-
vaient quelques plantes. Ils construisaient, pour y
enterrer leurs mort, de grandes chambres composées
d'immenses dalles, auxquelles on a donné le nom de
dolmens. Ils savaient également construire des cabanes,
ce qu'avaient probablement fait d'ailleurs, quelques-
uns de leurs prédécesseurs.

La guerre éclata entre ces races nouvelles et les
descendants des hommes quaternaires. Les envahisseurs, grâce à leur supériorité industrielle, eurent le

dessus et une partie de leurs adversaires abandonna
le terrain, émigrant surtout vers le sud. Néanmoins
un bon nombre restèrent dans le pays de leurs ancêtres, et, la paix finissant par se conclure, des alliances
eurent lieu, des croisements se produisirent, les races
se fusionnèrent. Les Cro-Magnons adoptèrent l'industrie de leurs vainqueurs, ils se mirent à polir leurs
haches, leurs ciseaux et quelques autres outils, à
fabriquer de la poterie, à élever des animaux en do-
mesticité, à cultiver des plantes et à construire des
dolmens. A ce moment le travail de la pierre acquit
une perfection inouïe; les instruments qui n'étaient pas
polis étaient soigneusement retouchés. Sur des lames,
des pointes de lance ou de flèche, des poignards, etc.,
on enlevait, sans doute par pression, d'innombrables
petits éclats qui permettaient de donner aux objets
des formes très régulières. Ces instruments néolithiques ont un caractère spécial qui, presque toujours, les
distingue nettement des instruments paléolithiques.

Tels sont, résumés aussi succinctement que possible, les faits qu'ont mis en évidence les recherches modernes sur l'âge de la pierre. Dans cet exposé bien
sommaire j'ai passé sous silence beaucoup de questions
qui sont loin d'être dénuées d'intérêt ; mais je devais
me limiter à quelques généralités et je ne voulais
pas me laisser entraîner trop loin. J'espère que cette
introduction, malgré ses lacunes, permettra au lecteur
non versé dans les études d'archéologie de comprendre,
sans trop de peine, les pages que je consacre à la
Barma-Grande.

CHAPITRE PREMIER

Les grottes des Baoussé-Roussé.

I.— Situation.

Lorsqu'on se rend de Menton en Italie, en longeant la mer, on aperçoit, à 200 mètres environ au delà de la frontière, un grand massif de rochers que, dans lo dialecte mentonnais, on désigne, à cause de sa couleur, sous le nom de *Baoussé Roussé*, c'est-à-dire les Rochers-Rouges (*Balzi Rossi*, en italien). Le sommet en est parcouru par la route de la Corniche, qui conduit à Gênes. Du côté de la mer, la masse rocheuse se termine actuellement d'une façon abrupte, car, depuis un bon nombre d'années, des carriers en font sauter le front pour en tirer des matériaux de construction. Aujourd'hui un petit plateau d'une trentaine de mètres de largeur s'étend entre le pied des Baoussé-Roussé et le rivage.

Jadis la configuration des rochers était quelque peu différente. Vers le sud, ils s'avançaient jusqu'auprès de la mer; ils n'en étaient séparés que par une voie romaine, la *Via Aureliana*, dont on retrouve encore des vestiges; leur escarpement était alors beaucoup moindre.

Ce n'est pas seulement dans la direction du sud que

le massif a été entamé ; il a été percé de l'ouest à l'est
pour y faire passer, sous un tunnel, le chemin de fer
qui conduit de Marseille à Rome et à Naples (fig. 2).

Les Rochers-Rouges sont creusés de grandes grottes,
qui s'ouvrent toutes au midi. Dès 1786, de Saussure
s'était occupé de ces cavernes et avait recherché leur
mode de formation. Mais elles devaient rester encore
plus d'un demi-siècle avant d'attirer spécialement l'attention sur elles. Ce fut, en effet, en 1846 que Florestan Ier, prince de Monaco, songea à y faire pratiquer des
fouilles. Quelques annés plus tard, son exemple fut suivi
par M. Antonio Grand, de Lyon, qui de 1854 à 1858 fit
chaque hiver des recherches dans les grottes. Puis
vinrent MM. Forel (1858), le Dr Pérès et Ph. Gény
(1858), Moggridge (de 1862 à 1871), Ernest Chantre
(1864), Paul Broca (1865), Costa de Beauregard (1868),
Em. Rivière (1870 à 1875). Il y aurait ingratitude à
oublier, dans cette énumération, le nom de M. L. Julien et
celui de M. Bonfils, ancien syndic des marins de Menton,
qui, pendant de longues années, ont remué le sol des
cavernes des Baoussé-Roussé et y ont recueilli un
nombre considérable d'ossements et d'objets travaillés.
Enfin depuis 1892, M. Abbo a fouillé sans interruption
la grotte la plus importante, qui est connue, à cause
de ses dimensions, sous le nom de *Barma-Grande*,
et le prince Albert Ier de Monaco a chargé récemment
l'abbé de Villeneuve de pratiquer des fouilles méthodiques dans la septième caverne, recherches qui ont
abouti à des résultats du plus haut intérêt scientifique.

Les nombreux travaux publiés jusqu'à ce jour ont

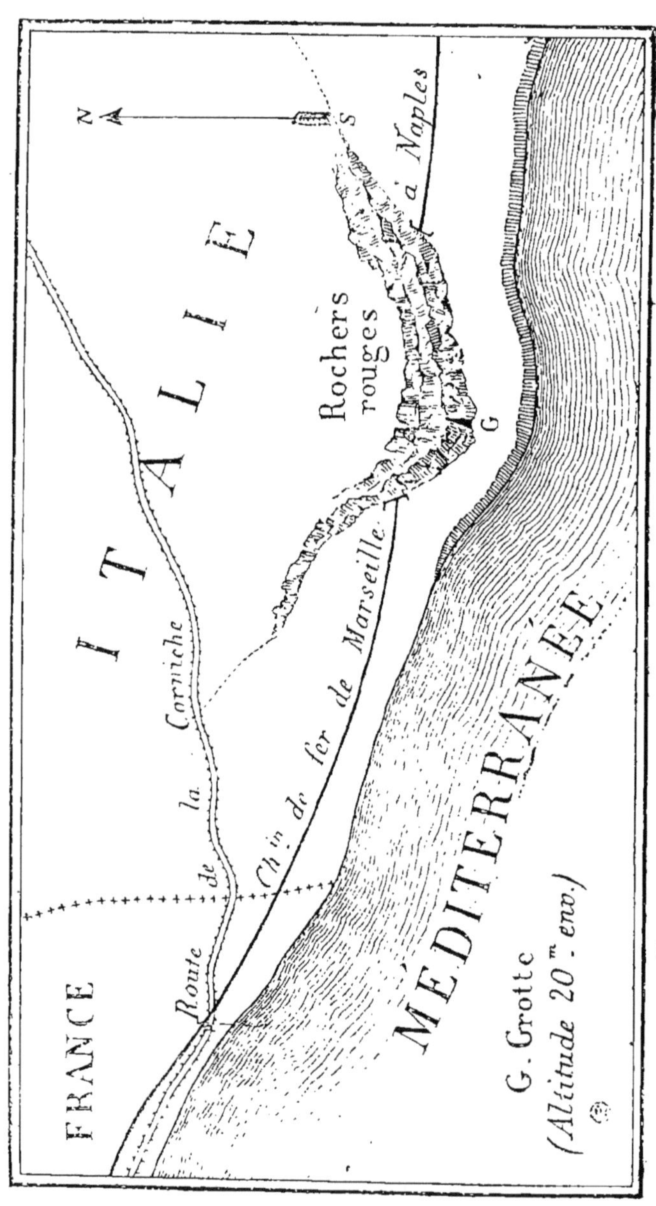

FIG. 2. — Les Baoussé-Roussé et la Barma-Grande (G).

rendu justement célèbres les *Grottes de Menton*. C'est, en effet, sous ce nom qu'elles sont généralement désignées quoiqu'elles soient situées, comme nous l'avons dit, sur le territoire italien. En 1846, elles dépendaient encore de la principauté de Monaco ; mais à l'heure actuelle elles font partie du royaume d'Italie, puisqu'elles se trouvent sur la commune de Vintimille, au hameau de Grimaldi.

Pour s'y rendre en partant de Menton, la promenade est charmante. Le trajet peut se faire à pied, en quarante minutes à peine. Un tramway conduit jusqu'à la promenade Saint-Louis, où l'on se trouve à dix minutes des grottes. Enfin, depuis quelques mois, il est possible d'arriver en voiture jusqu'aux rochers mêmes, car les douaniers français et italiens laissent circuler librement les voitures, qui débarquent les voyageurs au *Restaurant des Grottes*, fondé par M. Abbo. On longe ainsi le rivage de la mer et l'on voit se dérouler, à gauche, des jardins merveilleux, des villas ravissantes, des hôtels d'un aspect princier. Un cirque, constitué par de hautes montagnes, atteignant 1,377 mètres à 5 kilomètres du littoral (Mont Granmondo), abrite contre les vents du nord toute la région qui s'étend jusqu'aux Rochers-Rouges et au delà. On comprend aisément, lorsqu'on accomplit cette promenade, la vogue dont jouit Menton comme station hivernale et on s'explique avec la même facilité que cette contrée privilégiée ait été choisie comme lieu d'habitation par nos ancêtres préhistoriques. Les fouilles que je viens de rappeler ont, en effet, démontré que les cavernes des Baoussé-Roussé ont servi d'habitations et de lieux de sépulture à l'homme dès une époque fort reculée. Ce sont les principaux résultats de ces fouilles que je me propose d'exposer dans ce petit travail.

II. — Aperçu général.

Les grottes des Baoussé-Roussé sont au nombre de neuf. Elles sont percées dans un massif de calcaire *nummulitique*, c'est-à-dire dans une roche calcaire compacte, qui s'est déposée sous la mer, ainsi que le démontrent les milliers de petites coquilles marines qu'on rencontre dans cette roche et auxquelles les savants ont donné le nom de nummulites. Les dimensions des cavernes sont considérables. La plus grande, la *Barma-Grande* (la cinquième à partir de la frontière), mesurait encore, en 1892, 16 mètres de profondeur sur 4 mètres environ de largeur à l'entrée. Elle se rétrécit peu à peu de façon à n'avoir plus que 3 m. 50 de large vers son milieu et à n'offrir, à 3 m. 70 du fond, que 1 m. 30 dans le sens transversal. Sa hauteur est d'une vingtaine de mètres en avant, et elle n'a pas encore été déblayée jusqu'au sol primitif. Il y a trente ans, elle s'étendait plus loin vers le sud et sa profondeur était alors de 28 à 30 mètres; sa largeur, à l'entrée, atteignait 6 m. 60. La diminution de la caverne dans le sens de la profondeur tient à ce fait, déjà signalé, que, le calcaire nummulitique fournissant de très bons matériaux de construction, le pro-

FIG. 3. — L'entrée de la Barma-Grande en 1899.

priétaire en a, comme ses voisins, fait sauter toute la façade pour en tirer de la pierre à bâtir.

L'entrée de la Barma-Grande se trouve à vingt mètres à peu près au-dessus du niveau de la mer. Elle s'ouvre du côté du rivage, c'est-à-dire vers le sud, ainsi que toutes les autres cavernes qui se trouvent dans le voisinage.

Lorsque le massif des Rochers-Rouges a émergé des eaux de la Méditerranée, les grottes étaient entièrement vides. Mais peu à peu elles ont été partiellement comblées par des fragments de roche qui se sont détachés de la voûte ou des parois, par des matériaux divers qui y ont pénétré soit à travers les fissures de la roche, soit par l'entrée, par l'accumulation de cendres et de charbons résultant des feux allumés par les gens qui s'y réfugiaient et d'ossements d'animaux qui, pour la plupart, ont dû être tués par l'homme et apportés là pour servir à sa nourriture. C'est ainsi que la Grande Grotte, dont la hauteur mesurait plus de vingt mètres, s'est trouvée peu à peu remplie jusqu'à neuf ou dix mètres de son sommet. Le dépôt dépassait donc dix mètres d'épaisseur. Il a fallu assurément des siècles pour qu'il atteigne une semblable importance. Aujourd'hui, une grande partie de ce dépôt a disparu ; le propriétaire l'a enlevé pour se procurer une terre fertile qui lui a servi à constituer un jardin à côté de la caverne, et c'est en enlevant ces détritus qu'il a fait les découvertes si intéressantes dont il va être question. On voit encore très bien le niveau qu'atteignaient anciennement les terres. En 1884, lorsque

MM. Julien et Bonfils, de Menton, commencèrent leurs fouilles, ils eurent le soin d'enfoncer des clous dans la roche pour indiquer la limite supérieure du remplissage. D'ailleurs on distingue très nettement cette limite, car les parois de la grotte sont d'un ton plus clair dans toute la partie qui était comblée ; exposée à l'air, la région supérieure avait acquis une teinte d'un gris foncé qui contraste avec le reste.

Au point de vue de l'ancienneté, il est incontestable que les couches les plus vieilles sont celles qui se sont déposées à la partie inférieure de la grotte, et les plus récentes celles de la surface. Toutefois des remaniements avaient eu lieu en certains points, des trous avaient été creusés à diverses époques, et il en était résulté des mélanges partiels. Il est bien évident que si, à un moment donné, des tranchées ont été ouvertes et qu'elles aient atteint, par exemple, 1 m. 50 de profondeur, on a ramené à la surface des ossements, des objets qui, primitivement, gisaient à un niveau inférieur. Par suite, ces objets ramenés de la profondeur ne seront pas contemporains de ceux qu'on pourra découvrir au même niveau, dans les parties qui n'auront pas été remuées. Il est donc parfois assez difficile de déterminer l'âge exact des objets rencontrés dans la Barma-Grande (et, sans doute, dans plusieurs autres grottes) même lorsqu'on connaît la hauteur à laquelle ils ont été découverts. Cependant, comme le sol n'a été remué que sur certains points limités et que les terres n'ont pas été bouleversées dans toute leur épaisseur, on peut établir d'une façon générale l'âge de chacune des couches qui se sont déposées dans la caverne. Ici, comme partout, ce sont les ossements d'animaux qui vont nous fournir les éléments de notre évaluation.

Nous devons déclarer que dans les lignes qui vont suivre nous aurons à peu près exclusivement en vue les assises de la Barma-Grande, car nous manquons absolument de données précises sur les autres grottes. Cette assertion surprendra sans doute ceux de mes lecteurs qui ont entendu parler des nombreux travaux publiés sur les grottes des Baoussé-Roussé. Aussi me paraît-il nécessaire de leur expliquer brièvement les raisons pour lesquelles nous manquons de documents *positifs*.

Les premiers chercheurs ont récolté précieusement les débris d'animaux et les restes d'industrie humaine qu'ils rencontraient ; mais ils ne se sont pas préoccupés de noter le niveau auquel gisait chaque pièce. Il est vrai que la plupart d'entre eux n'ont fouillé que les couches supérieures.

M. Rivière paraît, au premier abord, avoir agi différemment. Il déclare qu'il a étudié par assises le sol de la quatrième caverne, « le faisant creuser peu à peu et par couches successives de 0 m. 25 d'épaisseur depuis l'entrée de la grotte jusqu'au fond... » (1) ; mais il néglige presque constamment de nous faire

____

(1) EM. RIVIÈRE. *De l'antiquité de l'homme dans les Alpes-Maritimes.* Paris, 1887, p. 129.

connaître la profondeur à laquelle il a trouvé ses
objets. La question lui a sans doute paru peu importante, car il avait acquis rapidement la conviction que
le dépôt tout entier s'était formé pendant l'époque
quaternaire : « Les grottes de Menton, dit-il, appartiennent à une seule et même époque depuis la surface du sol jusqu'au fond — du moins pour celles
d'entre elles que nous avons explorées — à l'époque
quaternaire géologiquement parlant » (1). A maintes
reprises il revient sur ce fait et il ne semble pas avoir
songé à établir des subdivisions. Pour lui tout est de
la même époque, et, par suite, la question des niveaux
ne devait pas avoir l'intérêt qu'y attachent les archéologues aussi bien que les géologues ou les paléontologistes.

Cependant on avait parlé de poteries, de haches
polies, rencontrées dans les grottes des Rochers-Rouges,
et il était impossible de faire remonter ces objets à
l'époque quaternaire. M. Rivière s'évertua à démontrer que ces découvertes étaient discutables et que
certaines pièces avaient été récoltées ailleurs. Mais
lui-même découvrait une hache polie brisée à ses
deux extrémités. « Nous l'avons trouvée à la surface
du sol, au milieu de quelques pierres accumulées dans
un coin de la troisième caverne, où les douaniers
italiens se mettaient souvent à l'abri pour guetter le
passage d'individus qui, à l'époque où nous avons
commencé nos fouilles, faisaient journellement la

____

(1) EM. RIVIÈRE. *Op. cit.*, p. 199.

contrebande et auxquels, maintes fois, quelques-unes
de nos cavernes ont servi de refuge la nuit, tandis
que leurs anfractuosités étaient utilisées comme
cachettes de marchandises à passer à la frontière. Il
ne nous est pas possible, dans ces circonstances, d'indiquer la véritable origine de cette hache... » (1). Il
est bien probable que ce ne sont ni les douaniers ni
les contrebandiers qui l'ont apportée et qu'elle gisait
primitivement dans les couches superficielles de la
caverne. En tout cas, la probabilité de l'existence de
couches ne remontant qu'à l'époque de la pierre polie,
l'existence certaine d'une épaisse couche ayant commencé à se déposer au début de l'époque quaternaire
et s'étant accrue jusqu'à la fin de cette époque, obli-
geaient à procéder avec beaucoup de soin et de
méthode.

Dans la Barma-Grande, les fouilles ont été faites à
l'origine comme ailleurs ; et lorsque M. Abbo entre-
prit de vider la grotte, il ne songea guère à en faire
une exploration méthodique. Les couches superficielles vinrent se mélanger dans son jardin aux terres
fournies par les différents étages du dépôt, qui avait
été attaqué de front. Heureusement la découverte de
squelettes humains modifia un peu sa manière de
faire. Le déblaiement subit un temps d'arrêt, et actuellement la grotte est encore loin d'être complètement
vidée. C'est ce qui m'a permis de faire certaines
observations précises dans les couches inférieures.

(1) EM. RIVIÈRE. *Op. cit.*, p. 300.

III. — Couche de l'éléphant.

J'ai dit que les sondages n'avaient pas encore mis à jour le sol rocheux de la Barma-Grande ; mais on a déjà remué, sur une surface de quelques mètres carrés, une assise qui ne doit pas être fort éloignée du sol primitif. Dans cette couche, M. Abbo a rencontré des ossements d'animaux qui ne vivent plus dans nos contrées depuis des milliers d'années ; parmi eux se trouvent un rhinocéros et un éléphant. Ce dernier pachyderme a fourni quelques-unes de ses dents, plusieurs os isolés et un os iliaque avec lequel était encore articulée l'extrémité supérieure du fémur correspondant. Ce fait dénote qu'aucun remaniement n'a eu lieu à cette place et autorise à affirmer que la couche dont il s'agit s'est formée lorsque l'espèce à laquelle appartient l'éléphant des Baoussé-Roussé comptait encore des représentants dans le sud de la France.

Mais quelle était cette espèce ? C'est une question qu'il serait très important de résoudre, car les paléontologistes nous ont appris qu'il avait vécu diverses espèces de proboscidiens dans notre pays. Plusieurs existaient pendant l'époque tertiaire, tandis que le dernier, *l'elephas primigenius* ou mammouth, caractérisé par ses grandes défenses recourbées, n'a abandonné nos contrées qu'à une période déjà avancée de l'époque quaternaire. La toison dont il était couvert lui permettait de résister à une température assez basse. Jusqu'à ce jour, les débris d'éléphant recueillis

par M. Abbo n'ont pas été déterminés avec précision.
Quelques paléontologistes ne croient pas qu'il s'agisse
du mammouth (1) ; mais ce qu'on peut affirmer, c'est
que ces débris ont appartenu à une espèce quaternaire,
car ils sont associés à des instruments en pierre bien
caractéristiques de cette époque. Je reviendrai dans le
chapitre suivant sur les objets d'industrie humaine
recueillis dans la couche de l'éléphant.

Quoi qu'il en soit, que l'éléphant découvert soit
l'elephas primigenius ou une autre espèce quaternaire,
que le rhinocéros soit le *tichorinus*, c'est-à-dire le
rhinocéros à narines cloisonnées et à toison, contem-
porain du mammouth, ou quelque autre espèce plus ou
moins voisine, il est certain que la Barma-Grande,
comme toutes les cavernes des Baoussé-Roussé, a
commencé à se remplir au début de l'époque quaternaire. C'est au-dessus de la couche dont je viens de

---

(1) Dans les assises inférieures de la septième caverne
dont les couches paraissent synchroniques de la Barma-
Grande, l'abbé de Villeneuve a rencontré des restes d'éléphant, que M. Marcellin Boule a reconnu appartenir à
l'espèce désignée sous le nom d'*Elephas antiquus*. La
magnifique collection paléontologique recueillie dans cette
grotte au cours des fouilles qu'y a fait pratiquer le prince
Albert de Monaco sera prochainement décrite avec tous
les soins qu'elle mérite, et cette étude viendra certainement jeter une grande lumière sur la stratigraphie des
cavernes des Rochers-Rouges. Tout ce que nous pouvons
dire, à l'heure actuelle, c'est qu'il est problable que l'éléphant trouvé à la Barma-Grande, est l'éléphant antique,
comme celui qui a été rencontré dans des conditions stratigraphiques analogues par l'abbé de Villeneuve.

parler qu'on rencontre, en effet, l'assise renfermant les animaux caractéristiques de la seconde moitié des temps glaciaires et les différents objets que fabriquait homme de cette époque.

IV. — Couche de l'âge du renne.

A. — *Épaisseur de la couche*. — Il est bien difficile actuellement de se rendre compte de l'épaisseur du dépôt qui s'est formé dans la grotte depuis le moment où l'éléphant a cessé de vivre sur les bords de la Méditerranée jusqu'à la fin des temps quaternaires. Les couches superficielles devaient être de formation récente, mais, je le répète, elles n'ont pas été fouillées avec tout le soin désirable, de sorte qu'il est impossible de dire à quel niveau s'arrêtaient les assises anciennes. Toutefois il est permis de croire qu'elles atteignaient une épaisseur considérable, car la couche qui surmontait celle de l'éléphant, et qui s'est déposée pendant l'âge du renne, était loin d'avoir entièrement disparu vers le fond de la grotte lors de mes voyages à Menton ; on pouvait la suivre à plus de deux mètres au-dessus de l'assise de l'éléphant et on en avait enlevé toute la partie supérieure. Les renseignements qui m'ont été fournis par différentes personnes ayant travaillé dans la grotte me font, en effet, supposer qu'elle se poursuivait plus haut.

B. — *Faune mammalogique*. — Dans cette couche, M. Abbo a recueilli de nombreux ossements d'animaux. Il a bien voulu m'en confier plusieurs caisses dont le contenu a été soigneusement examiné par M. le professeur H. Filhol et par M. Marcellin Boule. La compétence bien connue de ces deux savants ne peut laisser aucun doute sur l'exactitude de leurs déterminations. Voici la liste des mammifères qu'ils ont rencontrés :

1º Le renard (*Canis vulpes*).

2º Le cheval (*Equus caballus*).

3º Le sanglier (*Sus scrofa*).

4º Le bœuf (*Bison europæus ?*).

5º Le cerf commun (*Cervus elaphus*).

6º Le chevreuil *(Cervus capreolus*).

7º Le bouquetin (*Capra ibex*).

8º Un ruminant appartenant au genra *ovis* (mouton) ou *capra* (chèvre), représenté seulement par des fragments de mâchoires avec la dentition de lait.

De tous ces animaux, c'est le cerf qui est de beaucoup le plus abondant. Les individus dont les débris ont été recueillis se divisent en deux groupes : les uns sont entièrement semblables à notre cerf actuel, les autres sont plus grands et se rapprochent à ce point de vue du cerf du Canada (*Cervus canadensis*).

Dans la liste de mammifères que je viens de donner, on ne rencontre aucune espèce qui soit nettement caractéristique de l'époque quaternaire. Il est vrai que j'avais recommandé de ne m'envoyer que les ossements ramassés dans le voisinage immédiat des squelettes humains dont il sera question plus loin, et j'ai la conviction que ces squelettes ont été inhumés là à la fin de cette époque. Il n'y aurait donc rien de surprenant à ce que des ossements d'animaux contemporains des cadavres aient pénétré dans les fosses creusées pour y enterrer les morts. Il fallait chercher ailleurs pour trouver des documents capables de donner l'âge de la couche elle-même.

Dans le musée de Menton, il existe un certain nombre d'ossements de mammifères récoltés jadis dans la Barma-Grande par MM. Julien et Bonfils ; ils sont attribués aux espèces suivantes :

1º Cheval (*Equus caballus*).

2º Cerf commun (*Cervus elaphus*).

3º Chevreuil (*Cervus capreolus*).

4º Urus ou bœuf primitif (*Bos primigenius*).

5º Chèvre primitive (*Capra primigenia*).

La quatrième espèce et la cinquième ont vécu pendant l'époque quaternaire. Il est fort probable qu'ils proviennent de la couche que nous étudions, quoique nous ne possédions aucun renseignement sur le niveau auquel ils ont été découverts.

M. Rivière aurait dû nous fournir des indications précises, s'il a pratiqué ses fouilles avec le soin particulier dont il parle. Et cependant on ne trouve dans son livre que des données très vagues. Lorsqu'il parle de la cinquième caverne ou Barma-Grande (la Grande Grotte), il s'exprime en ces termes au sujet des animaux : « Nous y avons rencontré comme faune à peu près les mêmes animaux que dans les quatre premières cavernes, si ce n'est un plus grand nombre d'ossements de batraciens. D'ailleurs les os et les dents de toutes sortes, entiers ou brisés, y sont tellement abondants que, à une certaine profondeur au-dessous du premier niveau, la terre en est comme pétrie (1). » Il insiste sur l'abondance du sanglier vulgaire, qu'il appelle *Sus scrofa fossilis*, et d'un autre porcin qui serait le *Sus Polucci*. Enfin il note l'accumulation, vers le fond de la grotte, de bois de cervidés gisant « dans les foyers situés à 1 m. 50 de profondeur et plus bas (2) ». Ces mots « 1 m. 50 de profondeur et plus bas » ne sont pas assez précis pour qu'on en tire aucune conclusion, l'assise quaternaire pouvant se terminer à un niveau inférieur.

A propos des objets travaillés en os, M. Rivière ne nous renseigne pas avec plus de précision. Rares dans les couches supérieures, « ils étaient, au contraire, des plus nombreux, dit-il, à partir d'une *certaine* profondeur (3) ». Il cite un os pénien d'*ours*, taillé en forme de poinçon, et une côte de *bœuf* ayant servi à fabriquer un lissoir, sans compter de nombreux objets en bois ou en os de cerf. Lorsqu'il parle de la côte de bœuf, il dit qu'elle est d'une coloration acajou, comme plusieurs autres pièces et notamment comme quelques-unes des dents de rhinocéros. Il aurait donc trouvé des dents de rhinocéros. D'ailleurs pour connaître approximativement les espèces animales dont il a rencontré les restes dans la Barma-Grande, il suffit de se reporter

---

(1) EM. RIVIÈRE. *Op. cit.*, p. 181.
(2) EM. RIVIÈRE. *Ibid.*, p. 182.
(3) EM. RIVIÈRE. *Ibid.*, p. 187.

à la liste de celles qu'il a trouvées dans les quatre premières cavernes, puisqu'elles sont « à peu près les mêmes ». Or voici cette liste complète :

1º Insectivores.

Hérisson (*Erinaceus europæus*).

2º Carnassiers.

Ours des cavernes (*Ursus spelæus*).
Ours commun (*Ursus arctos*).
Loup (*Canis lupus*).
Renard (*Canis vulpes*).
Belette (*Mustela vulgaris*).
Hyène des cavernes (*Hyæna spelæa*).
Félin analogue à la panthère (*Felis antiqua*).
Lion des cavernes (*Felis spelæa*).
Lynx (*Felis lynx*).
Chat sauvage (*Felis catus*).

3º Rongeurs.

Marmotte primitive (*Arctomys primigenia*).
Rat (*Mus tectorum?*).
Mulot (*Mus arvalis*).
Muscardin (*Mus muscardinus*).
Lapin (*Lepus cuniculus*).

4º Pachydermes.

Rhinocéros à narines cloisonnées (*Rhinoceros ticho-rhinus*).

Cheval (*Equus caballus*).
Sanglier (*Sus scrofa fossilis*).

5° **Ruminants**.

Urus ou Bœuf primitif (*Bos primigenius*).
Élan (*Cervus alces*).
Cerf commun (*Cervus elaphus*).
Cerf du Canada (*Cervus canadensis*).
Cerf de Corse (*Cervus corsicanus*).
Chevreuil (*Cervus capreolus*).
Chamois (*Antilope rupicapra*).
Chèvre primitive (*Capra primigenia*).

Je laisse de côté les autres classes de vertébrés et tous les invertébrés. La liste des mammifères que je viens de donner contient de nombreuses espèces qui vivent encore de nos jours et d'autres espèces qui ont vécu au commencement de l'époque quaternaire. Il est évident que toutes n'ont pas été rencontrées au même niveau, et il est regrettable que M. Rivière n'ait pas pris le soin de noter, pour chaque espèce, la profondeur à laquelle il a découvert ses débris. Pas plus que les étiquettes du Musée de Menton, son livre ne nous fournit donc de renseignements sur la couche qui surmonte immédiatement celle de l'éléphant.

A priori, on pouvait dire qu'elle datait de la fin des temps quaternaires. Mais comme les faits sont préférables aux raisonnements les plus spécieux, je regrettais de n'avoir pas de documents positifs. Ces documents, il fallait les chercher dans les ossements recueil-

lis par M. Abbo dans l'assise dont il s'agit. Or, au mois
de mars dernier, lorsque, accompagné de mon ami,
M. Boule, je me suis rendu de nouveau aux Baoussé-
Roussé, mon savant collègue avisa un fragment de
mâchoire inférieure, qui appela immédiatement son
attention. Il reconnut de suite un débris de renne. Malgré la conviction qu'il avait de ne pas se tromper, il
demanda qu'elle lui fût confiée pour pouvoir l'étudier
avec tout le soin qu'elle méritait. Cette étude lui a

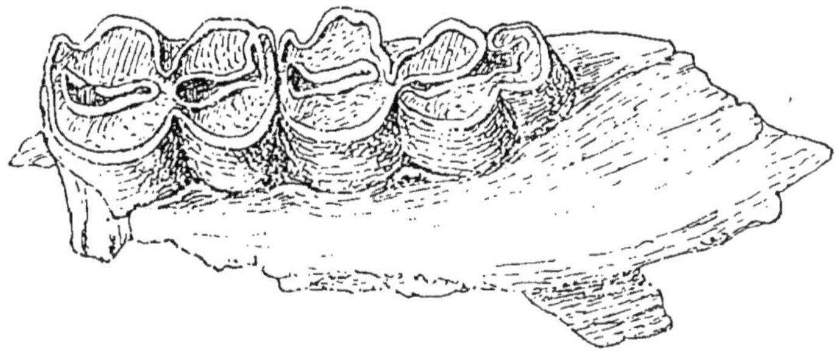

FIG. 4. — Fragment de maxillaire inférieur de renne.

prouvé qu'il n'avait pas commis d'erreur, et M. le professeur Gaudry partagea son opinion. L'animal d'où
provient cette mâchoire était un renne âgé ; les deux
molaires encore en place sont fortement usées (fig. 4).
On peut donc voir très nettement la disposition des
couches d'émail internes et externes, qui arrivent au
contact les unes des autres et qui ne sont nullement
disposées comme chez le cerf commun. Par suite, il est
incontestable que l'assise dont il est question en ce
moment s'est formée lorsque le renne (*Cervus tarandus*) vivait encore dans le midi de la France.

La découverte de M. Boule présente un très grand intérêt. On savait que le renne s'était avancé jusqu'à la région des Pyrénées, mais on prétendait qu'il n'avait pas atteint le versant méditerranéen des Alpes. M. Rivière avait dit à ce propos : « Quant au renne, il n'existe pas dans les cavernes des Baoussé-Roussé ; nous n'en avons jamais trouvé la moindre trace. Il paraît du reste également faire défaut dans les autres cavernes de l'Italie. Son absence ne tient pas à l'âge auquel vivait l'homme de nos cavernes, car à une époque antérieure, à l'époque de la grotte de Grimaldi, par exemple, dont la faune est certainement plus ancienne que celle des Baoussé-Roussé, nous n'en avons pas trouvé non plus un seul ossement. Cette absence pourrait s'expliquer plutôt par les conditions climatériques, malgré la présence dans nos grottes des restes du *Rhinoceros ticho-rhinus* et du *Gulo speleus*. En tout cas, il paraît à peu près certain que le renne n'a pas descendu le versant méditerranéen des Alpes (1). »

Ce qui paraissait à peu près certain à M. Rivière ne l'est plus : le renne a sûrement vécu sur le versant méditerranéen des Alpes. Je n'irai pas jusqu'à prétendre qu'il vivait aux Rochers-Rouges mêmes ; mais il est probable que les chasseurs établis sur ce point n'avaient pas à accomplir de grands voyages pour le rencontrer. Néanmoins la rareté de ses débris doit faire penser que le *Cervus tarandus* n'était pas abondan dans la région (2).

---

(1) EM. RIVIÈRE. *Op. cit.*, p. 265, 266.

(2) Quoique je ne la considère pas comme pouvant servir

C. — *Foyers.* — La couche qui s'est déposée dans la Barma-Grande pendant l'âge du renne n'a pas seulement fourni les débris de nombreux animaux qui servaient à l'alimentation de l'homme ; elle contenait beaucoup d'autres preuves de l'habitat humain. De distance en distance des foyers ont été rencontrés, qui démontrent que les habitants de cette grotte y allumaient du feu. Ils sont constitués par des cendres, des charbons et parfois des ossements calcinés ; quelquefois aussi ils renferment des outils en pierre, sans doute tombés là accidentellement. Lorsque ces foyers sont intacts, on peut en conclure que le sol n'a pas été remué dans les points qu'ils occupent depuis l'époque où l'homme a allumé les feux qui leur ont donné naissance. Or c'est ce qu'on observe en plusieurs endroits de l'assise de l'âge du renne. Mais on ne saurait affirmer que le terrain soit resté partout intact, que des cavités, par exemple, n'aient pas été creusées plus tard à une distance plus ou moins rapprochée des accumulations de cendres et de charbons.

Parmi les foyers dont on pouvait encore nettement voir les traces au mois de mars 1899, j'en signalerai deux : l'un était situé immédiatement au-dessous des premiers squelettes découverts par M. Abbo, l'autre à 60 centimètres au-dessous du quatrième squelette rencontré par le même chercheur.

à dater la couche, je dois mentionner une dent de félin qui aurait été rencontrée au même niveau à peu près que la mâchoire de renne. Il est bien probable qu'elle est arrivée là accidentellement et qu'elle provient des assises inférieures. Je ne pouvais, cependant, la passer sous silence.

D. — *Industrie*. — Les êtres humains qui avaient
établi leur demeure dans la Barma-Grande à l'époque
où ils avaient encore le renne à proximité, ont laissé
dans le sol de nombreux débris de leur industrie.
Ces débris consistent en armes et en outils de pierre,
en instruments en os et en quelques objets de parure.
Les restes de l'industrie des vieux troglodytes des
Baoussé-Roussé sont assez intéressants pour que je
consacre un chapitre spécial à leur description.

E. — *Restes humains*. — Enfin la couche de l'âge
du renne renfermait des squelettes humains. Ils ont
donné lieu à tant de discussions, qu'il me faudra m'é-
tendre assez longuement à leur sujet. Je me bornerai
donc pour l'instant à signaler l'existence d'ossements
humains dans la couche qui surmonte immédiatement l'assise à éléphant.

V. — Couches supérieures.

J'ai exposé plus haut les raisons qui me feront passer presque complètement sous silence les assises supérieures ; leur étude stratigraphique n'a pas été faite.
Tout ce que j'en pourrais dire n'aurait que la valeur
d'hypothèses plus ou moins plausibles. Il est bien
probable que les cavernes des Baoussé-Roussé ont continué à servir de refuge à l'homme après la fin des
temps quaternaires ; mais je n'ai pu vérifier le fait dans
la Barma-Grande, les couches supérieures ayant complètement disparu lors de mon premier voyage, en

1892. Néanmoins, certaines observations publiées par différents auteurs me font croire à l'existence d'une couche néolithique dans les grottes des Rochers-Rouges. Voici les observations auxquelles je fais allusion. Beaucoup de fouilleurs, qui n'ont attaqué que la superficie du dépôt, ont uniquement rencontré des ossements d'animaux encore vivants. M. F. Forel, le savant archéologue suisse, avait été vivement frappé de l'absence d'espèces quaternaires dans les couches qu'il avait explorées et il avait cherché à expliquer ce phénomène. « Cela peut tenir, écrivait-il, à ce que les grottes de Menton étaient trop éclairées pour avoir servi de retraite à des animaux qui recherchaient l'obscurité et qui auraient trouvé dans le voisinage des tanières mieux appropriées à leurs habitudes. Il est possible aussi que les vestiges des animaux qui ont précédé le séjour de l'homme aient été enlevés ou qu'ils se trouvent ensevelis dans le sol des cavernes à une profondeur à laquelle nos fouilles ne sont point parvenues (1). »

M. Ernest Chantre, qui fouilla en 1865 la quatrième grotte sur une épaisseur d'un mètre, ne rencontra non plus que des espèces actuelles, savoir : le loup, le renard, le cheval, le sanglier, la chèvre, le cerf, le lapin. Il cite comme douteux le chevreuil et il n'ose pas affirmer qu'un os de bovidé qu'il a recueilli ait appartenu au bœuf primitif.

(1) F. FOREL. *Notice sur les instruments en silex et les ossements trouvés en 1858 dans les grottes de Menton.* Menton, 1860.

Mais l'opinion à laquelle j'attache peut-être le plus
d'importance est celle de M. Rivière, ce qui pourra
surprendre après ce que j'ai dit plus haut. Cet auteur,
en effet, tout en déclarant que le dépôt des grottes de
Menton appartient « à une seule et même époque
depuis la surface du sol jusqu'au fond — à l'époque quaternaire géologiquement parlant », est bien obligé de
reconnaître que les couches supérieures ne renferment
aucun débris d'animal ancien. « Ce n'est, dit-il, qu'à
un niveau inférieur à celui auquel s'étaient arrêtés
les savants qui nous ont précédé dans l'étude des
cavernes des Baoussé-Roussé, que nous avons trouvé,
mais en petit nombre, les restes de ces grands animaux quaternaires, aujourd'hui complètement disparus ou éteints... » (1). Mais alors pourquoi nier
l'existence d'une couche récente, d'une couche néolithique ? L'industrie autorise-t-elle tout au moins à
être aussi affirmatif ? Je n'hésite pas à répondre néga-
tivement.

En effet, les explorateurs des grottes ont remarqué
que, dans les assises supérieures, les instruments en
silex sont retouchés avec beaucoup d'habileté. M. Costa
de Beauregard, après avoir enlevé une épaisseur d'un
mètre et demi de terre à la surface du dépôt qui remplissait la quatrième grotte, se procura de nombreux
silex de petites dimensions, mais à retouches assez
fines (2). M. Issel, qui a décrit les objets récoltés par

(1) EM. RIVIÈRE. *Op. cit.*, p. 88.
(2) COSTA DE BEAUREGARD. *Les grottes Saint-Louis,
près Menton (Alpes-Maritimes).*

MM. le docteur Pérès et Ph. Gény au cours de leurs fouilles dans les cavernes de Menton, cite cinq haches polies, deux pierres à aiguiser, une pierre de fronde et plusieurs objets en terre cuite : une fusaïole « semblable à celles des habitations lacustres de la Suisse », un disque plat, non perforé, deux poids de tisserand et plusieurs disques « grossièrement façonnés et percés d'un trou au milieu, qui n'étaient vraisemblablement que des poids de filets » (1). Je sais bien que, d'après les déclarations faites par M. Gény à M. Rivière, trois des haches dont parle M. Issel proviendraient du château de Nice ; mais les deux autres et les objets en terre cuite, il ne dit pas les avoir trouvés en cet endroit ; il se contente d'affirmer que les terres cuites n'ont pas été trouvées *en sa présence*.

Enfin, M. Rivière a rencontré lui-même des instruments de l'époque néolithique. Je ne reviendrai pas sur la hache polie qu'il a découverte dans la troisième grotte et dont j'ai parlé au commencement de ce chapitre. Je me contenterai de signaler l'instrument « en grès à grains très fins dont l'extrémité la plus large, arrondie, a été fortement usée par le frottement » et qui est représenté à la planche IV, figure 31, ainsi que le fragment de « disque plat en jayet percé au centre » que montre la figure 17 de la planche X. Je pourrais ajouter qu'un grand nombre des objets qu'il a repré-

---

(1) ARTHUR ISSEL. Résumé des recherches concernant l'ancienneté de l'homme en Ligurie. (*Comptes rendus du Congrès international d'anthropologie et d'archéologie préhistoriques*. Paris, 1867.)

sentés dans son album se rencontrent aussi bien dans les stations de l'époque de la pierre polie que dans les stations quaternaires et que le « ciseau en silex calcédonieux tranchant par son extrémité la plus large, le bout opposé formant tête » (pl. VI, fig. 18), n'est autre chose que le tranchet, considéré par beaucoup d'archéologues comme caractéristique du début de l'époque néolithique.

De tous ces faits on est en droit de conclure que, très vraisemblablement, une couche d'au moins 1 m. 50 d'épaisseur s'est déposée au-dessus de l'assise de l'âge du renne après que les temps quaternaires eurent pris fin. Pendant la formation de cette couche, l'homme continuait à fréquenter les cavernes des Rochers-Rouges. Il serait vraiment bien extraordinaire, d'ailleurs, que, depuis l'époque quaternaire, le dépôt eût cessé de s'accroître et que les grottes eussent été abandonnées brusquement dans cette contrée privilégiée, qui n'a pas cessé un instant d'être habitée. Il est bien plus plausible d'admettre que si l'on n'a pas recueilli un plus grand nombre d'objets typiques dans les couches superficielles, c'est que ces couches, facilement accessibles, ont été remuées avant que le prince Florestan 1er ou que M. Grand n'aient eu l'idée de les faire fouiller. Lorsqu'on ne parlait pas encore de l'homme préhistorique on ne devait guère prêter d'attention à des cailloux simplement taillés ; mais une hache polie ou un vase ne pouvaient passer inaperçus.

En somme, le simple raisonnement aussi bien que l'examen des faits conduisent à admettre qu'au-dessus de l'assise de l'âge du renne, il a dû se former, depuis le début de notre époque, une couche plus ou moins épaisse dont les fouilleurs ne se sont pas suffisamment occupés. Dans la Barma-Grande, les choses se sont évidemment passées comme dans les autres cavernes. Cette grotte constituait une trop belle habitation naturelle pour que les hommes néolithiques l'aient totalement délaissée. Il est même probable que si des fouilles méthodiques y avaient été pratiquées dès le début, elle aurait fourni des renseignements précieux sur la période de transition entre le quaternaire et l'époque de la pierre polie. On sait, en effet, qu'au Mas d'Azil M. Piette a rencontré des *galets coloriés* dans une assise « intercalée entre la dernière couche de l'âge du renne et la première de la période néolithique ». Or, récemment, M. Abbo fils a recueilli un galet colorié dans la Barma-Grande. Malheureusement il n'était plus en place ; il a été trouvé à l'entrée même de la grotte, au milieu de matériaux qui provenaient de l'intérieur. Il est donc impossible de dire à quel niveau il gisait ; mais la trouvaille seule est intéressante et méritait d'être signalée en passant.

CHAPITRE II

Les squelettes humains.

I. — **Les ossements humains découverts dans les premières cavernes.**

Dans le dépôt qui remplit en partie les grottes des Rochers-Rouges, j'ai signalé la présence de squelettes humains. M. Abbo en a découvert cinq dans la Barma-Grande, et la même caverne en avait déjà fourni un à M. Julien. Avant de parler de ces squelettes, il ne me paraît pas sans intérêt de rappeler les trouvailles faites dans les autres grottes par M. Rivière.

La *première caverne* ou *Grotte des enfants*, a été ainsi nommée parce qu'elle renfermait deux cadavres d'enfants, l'un âgé de 5 à 6 ans, l'autre de 4 ans au moins. Ils ont été rencontrés à 2 m. 70 de profondeur, le 27 janvier 1874 et le 7 juillet 1875. Les deux enfants étaient couchés côte à côte dans un même foyer, allongés dans le sens du grand diamètre de la grotte avec la tête au sud ; leurs os n'offraient pas de traces de cette coloration rougeâtre que je signalerai plus loin. En revanche, on a recueilli autour des dernières vertèbres lombaires, du bassin et de la partie supérieure du fémur, un grand nombre de petites coquilles marines perforées, appartenant au genre *nassa*, qui ont fait penser à l'auteur de la découverte que ces jeunes sujets devaient porter une sorte de pagne allant de l'ombilic au tiers supérieur des cuisses.

La *deuxième* et la *troisième caverne* ne contenaient aucun ossement humain.

La *quatrième caverne* ou *Grotte du Cavillon* renfermait un squelette d'homme adulte qui a été mis à jour le 26 mars 1872 (1). Il était couché à 6 m. 55 de profondeur, sur le côté gauche, dans le sens de la longueur de la grotte. La tête, dirigée vers le nord, c'est-à-dire vers le fond de la caverne, était un peu plus élevée que le reste du corps. La main gauche était ramenée sous la mâchoire inférieure. La base du crâne et la région postérieure du tronc étaient appuyées contre de grosses pierres brutes.

A 6 centimètres environ en avant de la bouche, un sillon de 18 centimètres de longueur sur 4 de largeur et 35 millimètres de profondeur avait été creusé dans le sol et était rempli de fer oligiste. La même

______

(1) Ce squelette est exposé dans les galeries d'anthropologie du Muséum d'histoire naturelle de Paris. Le *Guide de Menton et ses environs* (13e édition, 1899) dit à tort, en parlant de la Barma-Grande : « Elle était beaucoup moins réduite en 1869, époque où M. Rivière y découvrit le squelette humain qui fut, par ses soins, transporté au Muséum d'histoire naturelle de Paris et dont l'origine remonterait à l'époque paléolithique » (page 50). Ce passage contient une double erreur : 1° c'est dans la quatrième grotte et non pas dans la cinquième qu'a été trouvé le squelette du Muséum de Paris ; 2° la découverte a eu lieu en 1872 et non pas en 1869.

substance se voyait sur tout le squelette, auquel elle a communiqué une teinte rougeâtre des plus prononcées.

L'homme avait été inhumé avec ses parures et différents objets usuels. Sur la tête, il devait porter une sorte de résille dans les mailles de laquelle étaient enfilées de nombreuses coquilles appartenant toutes à l'espèce *nassa neritea ;* vingt-deux canines perforées de cerf ont été recueillies au niveau des tempes. Sur le front, s'étalait en travers un poinçon fait d'un radius de cerf; à l'occiput étaient accolées deux lames de silex. Enfin, au niveau du jarret gauche, on a découvert 41 coquilles perforées (*nassa neritea*), qui avaient sans doute constitué un ornement analogue à ces sortes de jarretières en poils ou en peau que portent certains chefs océaniens.

La *sixième grotte*, appelée *Bausso da Torre* ou *Caverna della Ciappa del Ponte*, a fourni deux squelettes d'adultes et un squelette d'enfant découverts en 1873. Le premier adulte gisait à 3 m. 75 de profondeur, le deuxième à 3 m. 90 et l'enfant à un niveau intermédiaire entre les deux précédents. Voici dans quelles conditions se sont présentés ces cadavres lors de leur découverte.

L'homme rencontré tout d'abord était étendu sur le dos, dans le sens de la longueur de la grotte, avec la tête tournée vers l'entrée. Le crâne était placé un peu plus haut que le reste du corps, le genou gauche plus haut que le bassin. D'après M. Rivière, il paraissait avoir été déposé sur le sol, sans que la terre eût été creusée pour le recevoir. Une belle lame de silex se trouvait sous l'omoplate gauche. Trois coquilles marines perforées (*cypræa pyrum* et *nassa neritea*), recueillies au-dessous de la clavicule, avaient dû faire partie d'un collier. Des restes de bracelets (coquilles perforées et canine de cerf percée) ont été récoltés vers les extrémités inférieures des humérus et au niveau du poignet droit. Enfin, des coquilles trouées, découvertes près des condyles des fémurs, démontrent que l'individu devait porter au-dessus des genoux un ornement comparable à celui qu'il portait au-dessus des coudes. Dans la terre ramassée sous le cou et le thorax, M. Gérardin aurait vu au microscope des poils provenant d'une peau de bête, qui aurait servi de vêtement.

Le deuxième squelette de la sixième grotte, étendu également dans le sens de la longueur de la caverne, avec la tête vers l'entrée, avait les os fortement colorés en rouge (comme le précédent) par du peroxyde de fer. Il reposait sur le côté gauche, la tête située à 23 centimètres au-dessus des pieds ; ses mains étaient crispées, les dernières phalanges ramenées vers la paume. Les nombreuses coquilles perforées, les canines de cerf percées rencontrées à la hauteur de la tête, des vertèbres cervicales, des coudes et du poignet gauche, dénotent que ce sujet était porteur d'une résille, d'un collier et de bracelets. Il avait, en outre, près de l'extrémité supérieure de chaque fémur, une coquille trouée (cyprée).

Le jeune sujet, âgé d'environ 15 ans, avait été couché sur le ventre, parallèlement au deuxième squelette, mais avec la tête tournée vers le fond de la grotte. Ses os ne sont pas colorés en rouge et on n'a recueilli dans le voisinage ni arme, ni objet de parure, ni reste de pagne.

Les *trois dernières grottes* n'avaient été que très imparfaitement explorées et n'avaient livré aucun ossement humain. La septième, achetée par le prince Albert Ier de Monaco, est celle qui vient d'être fouillée avec le plus grand soin par l'abbé de Villeneuve. Les fouilles, conduites avec une méthode vraiment scientifique, n'ont fait découvrir aucune trace d'habitation humaine; mais elles ont permis de faire les intéressantes observations stratigraphiques dont j'ai parlé plus haut.

II. — Les squelettes de la Barma-Grande.

A. — *Les premières découvertes.*

M. Rivière n'avait « rencontré dans la Barma-Grande d'autres ossements humains qu'une portion de mâchoire inférieure du côté droit avec deux dents, la deuxième prémolaire et la première grosse molaire, nullement usées, mais aux tubercules parfaitement saillants, jeunes par conséquent... » (1). Il ne donne d'ailleurs aucun renseignement sur le gisement de ce fragment de mâchoire.

______

(1) EM. RIVIÈRE. *Op. cit.*, p. 195.

Au mois de février 1884, M. Louis Julien découvrit dans la grotte un squelette humain, dont le crâne est aujourd'hui conservé au Musée de Menton. Nous avons, sur le gisement de ce squelette, quelques renseignements qui ne sont pas dépourvus d'intérêt. Le cadavre était couché sur le dos, le long de la paroi gauche de la caverne, à 8 m. 40 de profondeur. Il était dirigé du nord au sud, c'est-à-dire suivant le grand axe de la grotte. « Il était accompagné de trois grands éclats de silex, l'un sur le sommet de la tête, les autres sur les épaules, comme des épaulettes » (1). La tête était recouverte «d'une épaisse calotte d'ocre rouge», et, à côté de lui, on recueillit quelques mauvais rognons de silex, des éclats informes de la même roche, des dents de bœuf, de cerf et de chèvre. Notons en passant que le squelette était accompagné non plus de petits instruments en pierre, comme ceux qu'on avait rencontrés à un niveau supérieur, mais bien de trois grands éclats de silex. M. Rivière avait déjà observé quelque chose d'analogue, et le même fait s'est reproduit dans les trouvailles de M. Abbo.

Ce dernier rencontra un nouveau squelette humain le 7 février 1892. J'ai dit dans quelles conditions avait eu lieu cette découverte. On procédait à l'extraction des terres qui remplissaient la caverne, non pas dans le but d'y faire des recherches archéologiques, mais uniquement pour les utiliser à la culture. Or, le

(1) Cf. *L'Homme*, 1884, p. 186. (Lettre de M. Wilson, consul des États-Unis de Nice.)

dimanche 7 février, un des fils du propriétaire, s'a-
musant à creuser le sol à l'aide d'une pioche, rencontra une tête humaine. Le père, aussitôt informé, com-
prit l'intérêt de la trouvaille et il fit établir à l'entrée
de la grotte une barrière en planches.

J'ai raconté dans *L'Anthropologie* (1) comment j'ai
appris la découverte. M. Émile Delerot, conservateur
honoraire de la Bibliothèque de Versailles, se trouvait
en villégiature à quelques pas des Baoussé-Roussé, et
dès qu'il sut la nouvelle, il s'empressa de la porter à
la connaissance de M. Alexandre Bertrand, de l'Ins-
titut, qui en avisa son collègue, M. Hamy. Celui-ci,
après entente avec le Ministère de l'Instruction publi-
que, me demanda de me mettre immédiatement en
route, ce que je fis. M. Delerot avait suivi avec grand
intérêt les progrès de la fouille : pendant mon séjour
aux Rochers-Rouges, il assista chaque jour à mes
recherches. Si je rappelle ces faits c'est, uniquement
pour constater que mes observations ont été faites en
présence de témoins qui ont pu vérifier immédiatement tout ce que je notais.

Le 22 février, lors de mon arrivée à Menton, quinze
jours s'étaient écoulés depuis la découverte du premier squelette. Un second, puis un troisième avaient
été mis à jour, mais, malheureusement, plus d'un
curieux pénétrait dans la grotte malgré la barrière
et marchait sur les ossements.

(1) R. VERNEAU. Nouvelle découverte de squelettes
préhistoriques aux Baoussé-Roussé près de Menton.
(*L'Anthropologie*, t. III, 1892, p. 512-540.)

Les premières observations faites par M. Abbo m'ont été confirmées par M. Delerot ; j'ai pu moi-même les vérifier en partie. Au-dessus des cadavres se trouvait une mince couche de terre rouge, bien différente de celle qui remplissait le reste de la caverne. Cette terre rouge, la même que M. Julien avait vue former une calotte sur la tête du sujet qu'il avait découvert en 1884, renferme une grande quantité de peroxyde de fer et elle a communiqué aux ossements une forte coloration qu'on a pu voir dès qu'on eut enlevé la petite couche qui les recouvrait.

A mon arrivée, les squelettes, à peine dégagés, étaient encore empâtés dans cette terre ferrugineuse. Il m'a été facile de constater qu'il en existait en dessous une légère épaisseur. Quelques sondages pratiqués à côté des sujets m'ont prouvé que partout ailleurs le terrain était d'une nature différente. Le sol avait été pioché en avant ; mais en arrière il dépassait encore les squelettes en hauteur. Or, en examinant avec soin le dépôt de ce côté, il ne m'a pas été difficile de constater qu'il avait été coupé verticalement et en ligne droite dans une étendue qui dépassait un peu la longueur des cadavres. Une fosse, dont la paroi postérieure était bien visible, avait été creusée dans le terrain de remplissage. Au fond, on avait déposé un lit de cette terre ferrugineuse qu'on était allé chercher à quelque distance et dont la couleur avait dès l'abord appelé l'attention ; puis, les cadavres avaient été couchés sur ce lit, et recouverts de la même terre. Le fond de la fosse se trouvait à 8 mètres environ

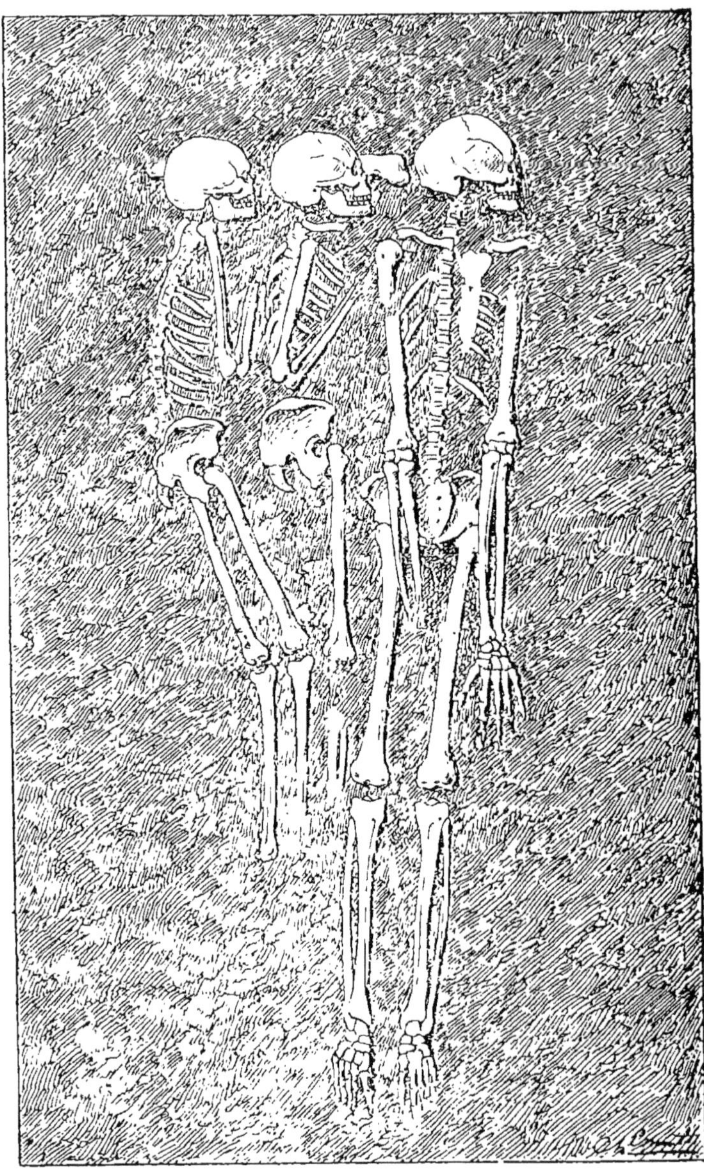

FIG. 5. — Position des squelettes trouvés en 1892 par M. Abbo.

du niveau qu'atteignait anciennement le dépôt, car M. Abbo avait déjà enlevé 6 mètres de terre et il lui avait fallut creuser encore à 2 mètres de profondeur pour rencontrer les squelettes. Les sujets qu'il avait mis au jour gisaient donc à peu près au même niveau que celui découvert par M. Julien en 1884 (8 m. 40). Ils reposaient à une plus grande profondeur que tous ceux précédemment trouvés dans les autres grottes par M. Rivière.

Les nouveaux cadavres étaient couchés parallèlement, en travers de la grotte ; la tête, placée dans la direction de l'est, arrivait à une très faible distance de la paroi droite. Le premier n'était guère situé qu'à un mètre de l'entrée actuelle de la Barma-Grande ; mais la caverne ayant été considérablement réduite dans ses dimensions longitudinales par l'exploitation, la sépulture devait en occuper primitivement à peu près le milieu.

Les trois sujets n'offraient pas la même attitude (fig. 5). Le sujet le plus rapproché de l'entrée appartenait au sexe masculin ; il était allongé sur le dos, mais la partie supérieure se recourbait de telle façon que la tête reposait sur le côté gauche. Le bras gauche était étendu le long du corps, et le droit légèrement ramené entre les cuisses.

Le sujet du milieu était une femme adulte, mais encore jeune, car si les épiphyses des os longs étaient soudées aux diaphyses et si les incisives médianes supérieures et inférieures présentaient quelques traces d'usure, les dents de sagesse étaient encore dans leurs alvéoles. Cette femme était tout à fait couchée sur le côté gauche, les jambes étendues et les avant-bras fortement fléchis, de sorte que les mains se trouvaient au niveau du menton.

Le squelette le plus éloigné de l'entrée ne présente pas de caractères sexuels bien accusés. Cela tient évidemment à son âge, car à en juger par ses os longs, dont les têtes ne sont pas soudées au corps et par ses

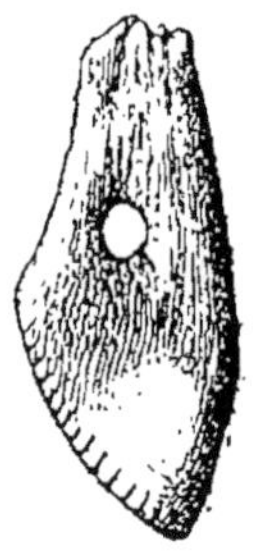

FIG. 6 et 7.

Canines de cerf perforées et ornées de stries.

dents de sagesse, encore complètement logées dans les alvéoles, on peut affirmer qu'il était jeune : en lui attribuant une quinzaine d'années, on doit être bien près de la vérité. Ce jeune sujet était, comme la femme, tout à fait couché sur le côté gauche ; ses avant-bras étaient également fléchis au point de ramener les mains sous le menton ; ses cuisses et ses jambes se montraient dans une légère flexion.

Les trois cadavres avaient été inhumés dans la fosse avec leurs objets de parure et quelques instruments.

Sur la tête de l'homme on a trouvé des canines de cerf perforées et ornées de stries sur la couronne (fig. 6 et 7), des vertèbres de poisson et des coquilles également percées d'un trou. Les vertèbres proviennent d'une espèce ayant à peu près la taille de la truite ; les coquilles appartiennent toutes à l'espèce *nassa neritea*. Au cou, le même sujet portait un collier composé de quatorze canines de cerf, de quelques vertèbres semblables aux précédentes et de jolies pendeloques en os, décorées de stries (fig. 8). Des pendeloques

Fig. 8. — Pendeloque en os décorée de stries.

Fig. 9. — Vertèbre de saumon perforée.

identiques ont été recueillies sur le front et au niveau du thorax, à côté de vertèbres de poisson perforées suivant leur axe et de plus grandes dimensions que celles qui existaient sur la tête et au cou ; elles proviennent d'un saumon (fig. 9). Toujours à la hauteur de la poitrine, on a découvert après mon départ un objet de parure bizarre, qu'on avait cru avoir été taillé dans un bois de cerf, mais qui semble plutôt un morceau d'os ou d'ivoire sculpté (1). Il peut assez exactement

(1) Nous avons voulu faire exécuter une préparation microscopique qui nous aurait permis de reconnaître s'il s'agit d'os ou d'ivoire ; mais la pièce est si friable que le petit fragment enlevé est tombé en poussière.

être comparé à deux olives réunies bout à bout (fig. 11).
Au point où elles sont accolées, il existe un étrangle-
ment qui permettait de suspendre l'objet sans qu'il
fût nécessaire d'y percer un trou. Tout le pourtour de
cette curieuse pendeloque est orné de petites stries
disposées en rangées parallèles. De chaque côté du
tibia gauche, notre homme portait une grosse coquille
trouée du genre *cyprœa*; l'une et l'autre ont été rencontrées un peu au-dessous du genou et devaient
être enfilées dans une cordelette. Enfin M. Abbo
avait rencontré avant mon arrivée, au niveau de la
main gauche du sujet, une fort belle lame de silex,
plane d'un côté, retouchée de l'autre, qui mesure
23 centimètres de longueur sur 48 millimètres de largeur maxima ; les retouches sont surtout nombreuses
vers l'extrémité la plus grosse. Dans mon premier
mémoire, je me suis exprimé ainsi à son sujet : « L'authenticité de cette pièce a été contestée, ou plutôt on
a prétendu que M. Abbo la possédait avant la nouvelle
découverte de squelettes humains. Cette assertion
est formellement démentie par l'intéressé et par les
personnes qui ont assisté à l'extraction de la lame.
D'ailleurs, je suis tout disposé à ajouter foi aux dires
du maître carrier, car cette lame rappelle entièrement
celle que j'ai vue moi-même en place sous la tête du
jeune sujet et que j'ai dégagée de mes propres mains,
après avoir retiré les fragments du crâne. En outre,
une autre lame de 20 centimètres de longueur et de
5 centimètres et demi de largeur a été rencontrée
dans la main gauche du second squelette, c'est-à-dire

exactement à la place indiquée pour la première lame
par M. Abbo, qui ne pouvait prévoir qu'il en trouverait une autre au niveau de la main gauche de la
femme. »

C'est M. Rivière qui avait insinué que la lame en
question aurait été vue, vers 1885, c'est-à-dire sept
ans avant la découverte des squelettes, entre les mains
de M. Abbo par M. Saige, archiviste de la principauté
de Monaco. J'avais sans doute raison de faire des
réserves, car, il y a quelques semaines, M. l'abbé
de Villeneuve me répétait que M. Saige ne se souve-
nait nullement d'avoir fait une semblable déclaration.
On peut donc tenir la lame trouvée au niveau de la
main gauche de l'homme pour aussi authentique que
celle qui a été découverte en ma présence.

Le sujet féminin avait la tête appuyée sur un
fémur de bœuf dont le tiers inférieur environ débordait en avant de la région frontale. Ses parures, analogues à celles de l'homme, étaient moins nombreuses.
Au niveau de son crâne, on a recueili des nasses et
des vertèbres de poisson perforées, ainsi qu'une pendeloque en os, qui n'a été découverte que plus tard.
Elle ne portait pas de collier en dents de cerf, mais
elle avait sur la poitrine la pendeloque en forme de
double olive. Cette pendeloque mesure 55 millimètres
de longueur sur 18 millimètres de largeur maxima.
Dans la main gauche, la femme tenait la grande lame
de silex que je viens de mentionner.

La tête du troisième cadavre reposait, comme je l'ai
dit, sur une belle lame de silex mesurant 17 centi-

mètres de longueur sur 48 millimètres de largeur dans sa partie la plus dilatée. La partie la plus volumineuse de cette lame, qui débordait en arrière de l'occiput, est assez soigneusement retouchée en forme de grattoir.

En dégageant les fragments de la tête de ce sujet et en y apportant de grands soins, j'ai pu me rendre un compte très exact de l'arrangement des objets de parure qu'il portait sur la tête et au cou. Sur le front, il avait, comme l'homme, plusieurs de ces pendeloques que représentent la figure 8. Le crâne était recouvert de vertèbres de truite et de nasses perforées. Un joli collier passait un peu au-dessous de l'angle droit de la mâchoire inférieure, mais, en bas, il avait glissé et les éléments dont il se composait gisaient sous le temporal gauche. Les différentes pièces de ce collier étaient maintenues dans la position qu'elles avaient dû occuper primitivement par la terre, qui leur formait une sorte de chape. Elles comprenaient des vertèbres de poisson, des nasses et des canines de cerf, chaque pièce ayant naturellement été perforée. Les vertèbres étaient disposées en deux rangées contiguës, et, au-dessous, se voyait une rangée de *nassa neritea*. De distance en distance, les trois rangées étaient interrompues par une dent de cerf décorée de stries. La figure 10 montre avec quelle symétrie tout cela était disposé : en haut, une première série de quatre vertèbres ; au milieu, une deuxième série de vertèbres, également au nombre de quatre ; en bas, trois nasses. Puis une canine de cerf venait couper les trois rangées, et la même disposition se

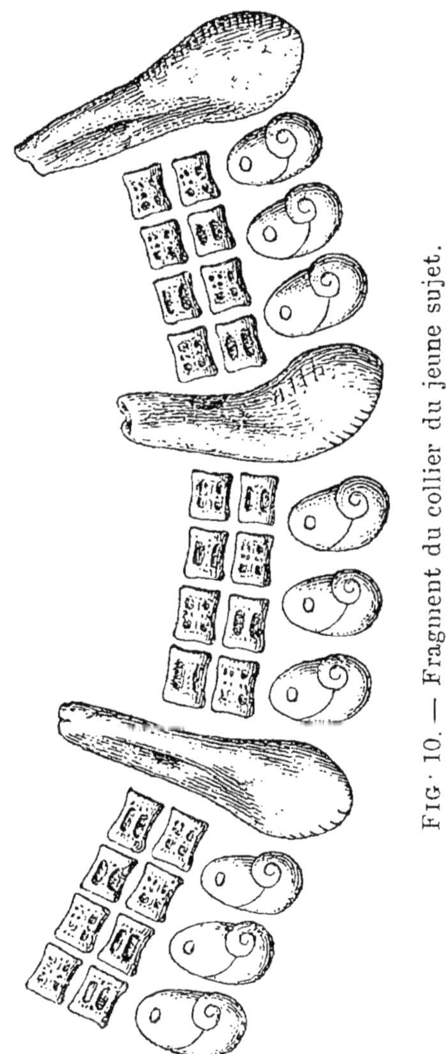

Fig · 10. — Fragment du collier du jeune sujet.

reproduisait, avec le même nombre de vertèbres et

de coquilles. Cette parure devait évidemment avoir un certain cachet décoratif.

L'adolescent possédait, lui aussi, son ornement en forme de double olive ; on l'a trouvé, après mon départ, au niveau de sa main gauche. C'est cet ornement que représente la figure 12. Comme on peut le voir, il est encore en partie enchâssé dans une gangue

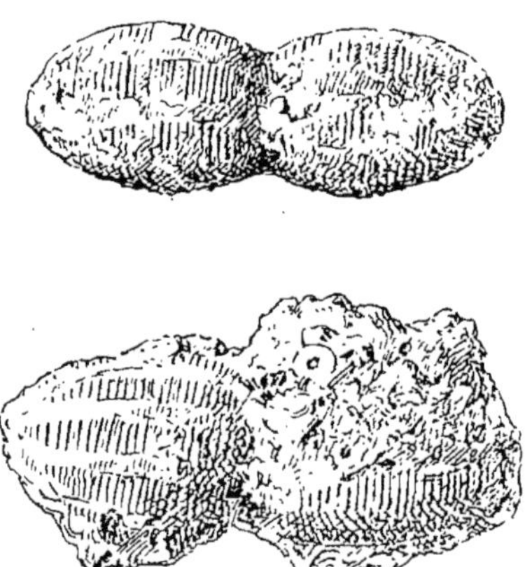

FIG. 11 et 12. — Pendeloques en forme de double olive.

très dure qui contient en outre un certain nombre de petites vertèbres de poisson.

Plusieurs objets de parure ont été trouvés entre les squelettes, sans qu'il soit possible d'affirmer qu'ils aient appartenu à l'un plutôt qu'à l'autre. Entre le sujet masculin et le sujet féminin, on a recueilli deux porcelaines (*cyprœa*) perforées, dont l'une était située à peu près au niveau du genou droit de l'homme. Nous venons de voir que celui-ci possédait deux de ces coquilles au-dessous du genou gauche ; il se pourrait donc fort bien que les deux découvertes plus tard lui aient appartenu et aient formé le pendant des premières. Près de la femme, entre son crâne et celui du jeune sujet, gisait une coquille percée (*purpura ?*) qui avait probablement fait partie de la parure de la première.

En somme, la sépulture découverte par M. Abbo en 1892 rappelle entièrement celles que M. Rivière avait trouvées dans d'autres grottes. Les cadavres avaient été inhumés dans la même couche de terre ferrugineuse ; les lames de silex recueillies à côté des squelettes se ressemblent, mais les dernières sont de dimensions plus considérables que celles de M. Rivière ; les objets de parure sont presque identiques, quoique ceux de la Barma-Grande soient en général plus soignés. Par suite, on est déjà en droit de supposer que, malgré la différence de niveau, toutes ces sépultures se rattachent à la même époque. Nous verrons que d'autres raisons viennent à l'appui de cette manière de voir.

B. — *Les dernières découvertes.*

Le 12 janvier 1894, M. Abbo, qui avait commencé à déblayer le fond de la Grande-Grotte, mit au jour un nouveau squelette humain. Le nouveau cadavre gisait à 6 m. 50 en arrière des premiers, et à 1 m. 60 au-dessus. Au lieu d'être dirigé en travers de la

grotte, il était couché dans le sens de la longueur, avec
la tête au sud. Le sujet tout entier reposait un peu
sur le côté gauche, le bras de ce côté appliqué le long
du corps et l'avant-bras fléchi sur le bras de telle sorte
que la main se trouvait sous la mâchoire ; le bras
droit est légèrement écarté du thorax, avec l'avant-
bras et la main ramenés presque à angle droit sur la
poitrine. Les fémurs se rapprochent un peu l'un de
l'autre à leur partie inférieure, et les jambes sont
croisées de telle façon que le tibia et le péroné droits
passent en avant de la jambe gauche.

Les cadavres découverts en 1892 avaient été enfouis
au milieu de la couche de terre ferrugineuse apportée
du dehors, sans qu'on eût songé à les préserver
autrement. Le squelette mis au jour deux ans plus
tard était, au contraire, abrité par trois grandes pierres
plates, qui le recouvraient en partie. L'une d'elles
était placée au-dessus des jambes ; la seconde s'étendait
au-dessus des cuisses et de la partie inférieure du
tronc ; la troisième recouvrait la partie supérieure du
tronc et la tête. Les deux premières reposaient directement sur le sol ; la dernière, de forme irrégulière-
ment triangulaire et mesurant 0 m. 70 dans un sens
sur 0 m. 66 dans l'autre, s'appuyait sur trois autres
blocs de 0 m. 25 à 0 m. 35 de diamètre. Les dalles et
les blocs qui supportaient la pierre placée au-dessus
de la tête sont en calcaire : la dalle antérieure est recouverte d'une légère stalagmite.

Malgré l'existence d'une sorte de couverture au-
dessus du cadavre, la sépulture paraît encore être de

la même époque que les autres. Nous verrons que les caractères physiques des sujets sont identiques ; les mobiliers funéraires se ressemblent exactement. C'est ainsi que notre homme (car il s'agit d'un sujet masculin) portait sur le front des nasses perforées, qu'il avait à gauche de la tête deux canines de cerf percées, qu'il possédait trois de ces petites pendeloques dont la figure 8 donne une bonne idée et qu'il avait également son collier de coquilles. Plusieurs nasses, en effet, adhéraient encore à la sixième vertèbre cervicale lors de mon dernier voyage aux Baoussé-Roussé (mars 1899) et on en voyait d'autres sur un fragment de conglomérat situé à gauche, à la hauteur du cou. Enfin auprès de la main gauche, on a trouvé non pas une grande lame de silex, mais un morceau assez volumineux de gypse.

Quelque temps après la découverte du squelette dont il vient d'être question, M. Abbo en rencontrait un cinquième, placé encore plus près du fond de la caverne ; il était séparé des pieds du précédent par un intervalle de 80 centimètres environ et gisait au même niveau. Ce squelette, entièrement carbonisé, était assez incomplet. Cependant il a été possible de voir qu'il avait les cuisses fléchies légèrement sur le bassin et les jambes tellement ramenées sous les cuisses que les talons arrivaient à toucher les ischions. Les ossements étant à leur place normale, il faut en conclure que le cadavre a été incinéré en cet endroit même. D'ailleurs on apercevait en dessous les traces d'un vaste foyer qui descendait à plus de 60 centimètres de profondeur. Nous

verrons que, par ses caractères physiques, l'homme incinéré se rattache encore au même type que les autres.
Comme eux, il portait ses ornements en *nassa neritea*,
dont M. Abbo a recueilli des spécimens auprès de lui.
Par suite, on peut admettre qu'ils sont tous contemporains.

CHAPITRE III

Industrie.

L'homme ayant fréquenté les cavernes des Baoussé-Roussé depuis le commencement de l'époque quaternaire jusqu'à la période néolithique inclusivement, il est tout naturel qu'il y ait laissé de nombreux spécimens de son industrie. Mais pendant ce long habitat l'industrie de nos ancêtres s'est sensiblement modifiée, leur outillage s'est transformé peu à peu, et, par suite, les instruments de la superficie ne doivent plus être identiques à ceux qui gisent au fond. Aussi pour étudier fructueusement les objets recueillis dans les grottes est-il nécessaire de les diviser par couches ; c'est ce qu'ont omis de faire les auteurs qui ont publié des travaux sur les fouilles qu'ils ont exécutées, ce qui ne me permettra guère de puiser dans leurs publications. Néanmoins il me sera parfois possible de glaner quelques renseignements que je mettrai à profit.

Les recherches de M. Abbo dans la Barma-Grande comblent jusqu'à un certain point cette lacune. Il est certain, comme je l'ai dit, que l'étude des couches supérieures a été complètement négligée. Il est non moins indiscutable que le chercheur n'était pas préparé à faire des fouilles méthodiques. Toutefois les observations qu'il a faites, et que j'ai contrôlées en grande partie, ont une réelle valeur. Ses connaissances archéologiques étaient loin d'être assez étendues pour lui permettre de faire une sélection dans les faits, de rejeter ceux qui ne lui auraient pas convenu et d'attribuer de mauvaise foi à une couche des objets qui auraient été rencontrés à un autre niveau. Aussi, après avoir constaté que les renseignements qu'il me fournissait sur ses récoltes concordaient parfaitement avec ce que nous ont appris les recherches exécutées par une foule de savants depuis près d'un demi-siècle, ai-je eu pleine confiance dans ses dires. Et il est un fait qui augmente ma confiance : à maintes reprises il n'a pas hésité à me faire part de ses doutes sur le gisement de tel ou tel objet. S'il n'eût pas été de bonne foi, il n'est pas douteux qu'il eût agi d'une façon toute différente, car il aurait cherché, en m'indiquant un niveau quelconque, à donner de la valeur à une pièce que je lui déclarais presque dénuée d'intérêt du moment qu'il ne pouvait m'indiquer la place où il l'avait rencontrée.

Le lecteur me pardonnera cette petite digression, que je ne crois pas inutile. On a essayé, en effet, de jeter le discrédit sur les fouilles de M. Abbo, et il était bon de montrer que les accusations qui ont été lancées contre lui ne peuvent guère se soutenir. J'ai déjà fait justice (p. 73) de celle qui s'applique à la lame de silex trouvée auprès de la main gauche du premier sujet, et, si je voulais me lancer dans une discussion, il me serait facile d'établir que les autres ne sont pas plus fondées.

J'aborde maintenant l'examen des objets recueillis dans chacune des couches, en commençant par la couche inférieure.

I. — Couche de l'éléphant.

Je rappellerai d'abord que cette couche n'a encore été fouillée que sur une faible étendue. Néanmoins elle a déjà fourni quelques pièces d'un aspect archaïque très prononcé et qui, malgré l'imperfection du travail, dénotent très nettement que l'homme fréquentait la Barma-Grande à l'époque où se formait cette assise.

Ce qui frappe, dès qu'on examine les objets rencontrés dans cette couche, c'est l'abondance des instruments en grès. On pourrait être tenté de mettre sur le compte de la roche, qui se travaille fort mal comme on le sait, la grossièreté des instruments; mais les outils en silex ne se montrent guère plus soignés

Parmi les *outils en grès* je signalerai un *racloir* de 7 centimètres sur 4, de forme presque rectangulaire, assez mal retaillé sur son bord le plus long. Il appartient à un type d'outil qu'on a rencontré assez fréquemment au Moustier et même à Chelles. Des *lames* ne dépassant guère 7 centimètres de longueur, des *pointes* du type dit du Moustier sont, avec le racloir, les instruments en grès qui ont été recueillis dans l'assise de l'*éléphant*.

Ces outils n'offrent, comme traces de travail intentionnel, en dehors du plan de frappe et du bulbe de percussion qui sont toujours très nets, que quelques éclats enlevés sur la face opposée au bulbe. Une pointe, cependant, a été grossièrement retaillée sur cette face ; elle mesure 63 millimètres de longueur sur 33 de largeur et 16 d'épaisseur. Sa grande épaisseur l'empêchait d'être bien pénétrante et il semble qu'on

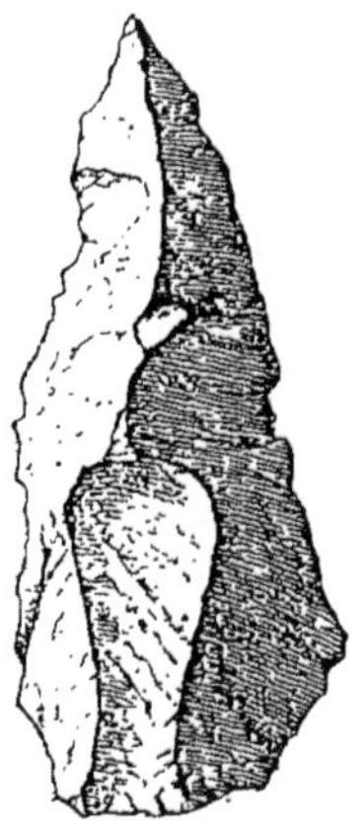

FIG. 13. — Pointe du type du Moustier.

ait cherché à l'amincir. Plusieurs coups ont été donnés vers le plan de frappe, mais les éclats ne se détachant que sur une petite étendue à cause de la mauvaise qualité de la roche, l'ouvrier s'est décidé à n'en amincir que les bords, qui offrent un certain nombre de retouches grossières.

Les *instruments en silex* rencontrés jusqu'à ce jour consistent uniquement en *racloirs*, en *lames* et en *pointes* (fig. 13) offrant les mêmes types et le même travail grossier que ceux en grès. Je donne ici la figure d'un des racloirs (fig. 14). C'est une des pièces les plus volu-

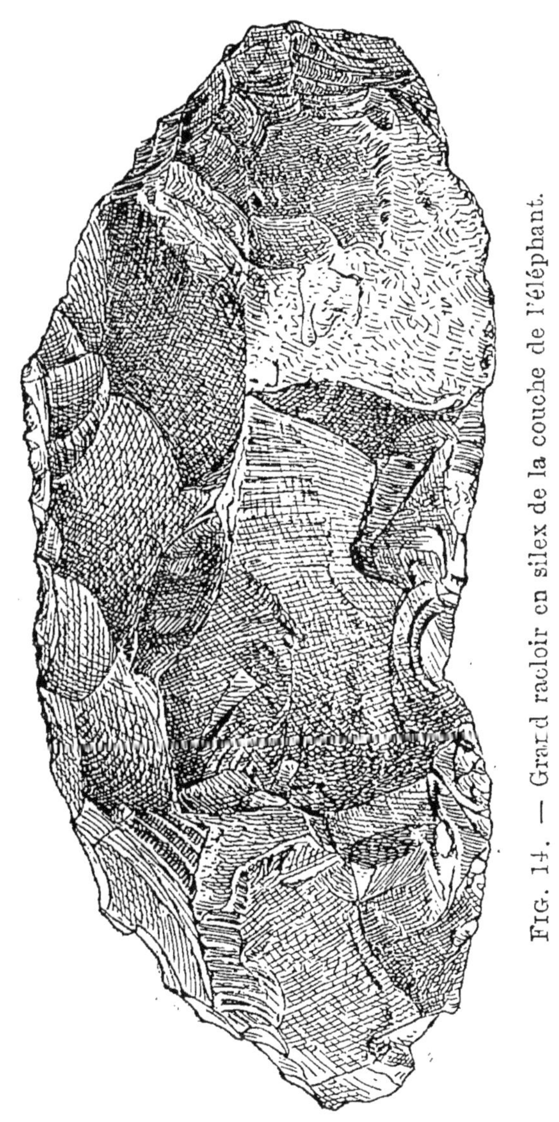

FIG. 14. — Grand racloir en silex de la couche de l'éléphant.

mineuses qui aient été rencontrées en dehors des sépultures, car sa longueur dépasse 11 centimètres et sa
largeur maxima atteint 5 centimètres ; son épaisseur
est en certains points de 27 millimètres. Des éclats ont
été principalement enlevés sur le bord convexe ;
l'autre côté de la pièce, s'adaptant parfaitement à la
main, n'a pas été retaillé. J'ai figuré dans mon livre

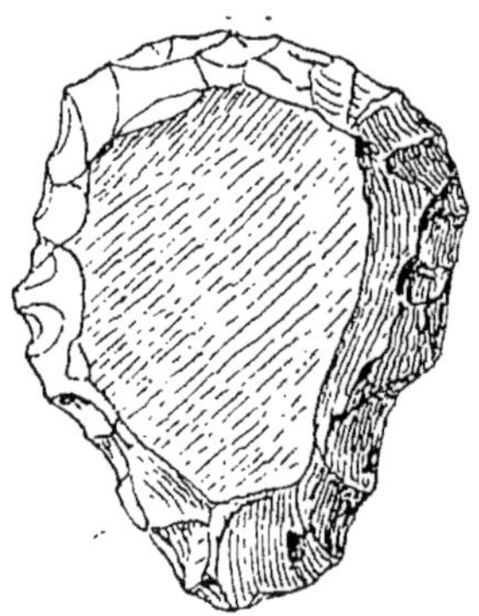

Fig. 15. — Grattoir en jaspe du type magdalénien.

sur l'*Enfance de l'Humanité* un racloir trouvé dans
la ballastière de Chelles qui ressemble singulièrement
à celui qu'a découvert M. Abbo dans la couche la plus
inférieure qu'il ait explorée.

Au nombre des outils en silex qui m'ont été donnés
comme provenant de l'assise de l'éléphant, se trouve un
petit *grattoir* court, en jaspe rougeâtre, qui montre sur
tout son pourtour une série de petites retouches fort
remarquables (fig. 15). Il ressemble tellement à certaines pièces de l'époque de La Madeleine que je suis
porté à croire qu'il a glissé de la couche située au-

dessus de celle dans laquelle il a été ramassé. Il est fort probable qu'il est tombé d'un niveau supérieur dans l'espèce de cavité creusée par M. Abbo pour dégager les débris d'éléphant dont j'ai parlé plus haut. Le fait est d'autant plus admissible que ce grattoir est la seule pièce un peu soignée qui ait été rencontrée en bas.

En somme, les instruments en pierre de la couche de l'éléphant rappellent absolument les types dits du Moustier. Il devait en être de même dans les autres cavernes, si nous en jugeons par quelques passages du livre de M. Rivière. En effet, cet auteur déclare que, dans la Grotte du Cavillon, il a découvert, lorsqu'il est arrivé à 10 m. 25 de profondeur, « les premiers grès et calcaires taillés de la quatrième caverne, grès et calcaires analogues, comme formes et comme dimensions, à ceux que nous avons trouvés dans la grotte n° 6, à 3 m. 75 de profondeur, et dont nous parlerons plus loin. » (1). Il figure une de ces pièces ; c'est une « pointe moustérienne en grès, avec ses arêtes de taille, mais sans retouche sur les bords ». Au fond de la Grotte du Cavillon existaient donc des instruments de forme archaïque, absolument comme dans la Barma-Grande, quoiqu'à diverses reprises M. Rivière déclare que l'industrie est la même depuis la surface jusqu'au fond des cavernes.

Cette industrie moustérienne débuterait à un niveau bien plus élevé dans la sixième grotte. Voici en quels

(1) EM. RIVIÈRE. *Op. cit.*, p. 175.

termes s'exprime M. Rivière : « Les armes et les instruments en pierre nous ont révélé, dès la découverte de ce squelette, ce fait fort curieux d'une industrie tout à fait différente de celle que nous avions trouvée jusque-là dans les cavernes des Baoussé-Roussé, du moins quant à la nature des matériaux dont les peuplades des grottes de Menton se sont servies, et dont nous avons dit seulement quelques mots lors de la description de la quatrième caverne. Il s'agit de l'apparition, à 3 m. 75 de profondeur, de grès et de calcaires taillés, d'abord mêlés aux silex, puis trouvés bientôt seuls, à l'exclusion de ces derniers, jusque dans les foyers les plus inférieurs, apparition indiquant une modification totale dans le choix de la matière employée par l'homme des cavernes pour la fabrication de ses outils.

« En effet, les objets en silex diminuent ici considérablement pour disparaître bientôt complètement dans les couches un peu plus inférieures, où ils sont remplacés par des instruments, des armes et des outils en grès plus ou moins siliceux, taillés généralement à plus grands éclats — la matière première étant elle-même d'un volume beaucoup plus considérable que les galets de silex — et plus ou moins retouchés sur les bords ; tandis qu'auparavant, c'est-à-dire dans les couches supérieures, le grès taillé n'apparaissait que très rarement et comme une véritable exception (1). »

---

(1) Em. Rivière. *Op. cit.,* p. 231.

Je n'ai pas hésité à citer ce passage intégralement malgré sa longueur, car il prouve que dans la sixième grotte, comme dans la Barma-Grande et comme dans la quatrième caverne, il existait au fond une industrie spéciale, bien différente de celle dont on trouve les traces à des niveaux plus élevés. Dans la sixième grotte, la couche moustérienne se rencontrait à partir de 4 mètres environ de la surface; mais si nous tenons compte que la hauteur totale du dépôt n'était que de 6 m. 50, nous arrivons à cette conclusion que cette couche n'avait en somme que 2 m. 50 d'épaisseur, c'est-à-dire, à très peu de chose près, la même puissance que dans la grotte de M. Abbo.

Comment expliquer que M. Rivière ne l'ait pas signalée à propos des autres cavernes? Remarquons d'abord que la septième n'a pas été explorée par lui et que l'abbé de Villeneuve, qui vient de la fouiller avec le plus grand soin, n'y a rencontré ni ossements humains ni débris d'industrie humaine. La huitième grotte n'est en réalité, pour employer les expressions de M. Rivière, « qu'un petit abri sous roche ». La neuvième, d'après les déclarations du même auteur, « ne présente aucun signe du passage de l'homme et ne contient aucun instrument en os, en silex taillé ». Il ne reste donc, en somme, que la première, la seconde et la troisième dans lesquelles il ne signale pas la couche dont je viens de parler. Mais M. Rivière les a-t-il fouillées jusqu'au fond? Je me garderai bien d'ajouter foi aux insinuations des gens du pays et je me reporterai simplement à l'ouvrage dans lequel sont consignées les recherches de l'explorateur. Pour la première caverne deux squelettes ont été découverts à 2 m. 70 de profondeur ; aucune phrase ne nous indique que les fouilles aient été continuées au-dessous. La deuxième grotte, que nous voyons qualifiée de « pseudo-caverne », contenait à la surface une couche de plus de 2 mètres, qui a été fouillée. Plus bas, le sol n'a été exploré que « sur une profondeur de 50 à 60 centimètres », c'est-à-dire que l'ensemble des fouilles a porté sur une épaisseur totale de 2 m. 60 environ. Enfin, au sujet de la troisième caverne, M. Rivière ne nous dit absolument rien de la profondeur à laquelle il est arrivé.

Par suite, n'est-on pas en droit de supposer que si, dans les cavernes fréquentées par l'homme, la couche moustérienne n'a pas toujours été rencontrée, c'est que les fouilles n'ont pas été conduites jusqu'à la base du dépôt ? En tout cas, nous pouvons affirmer que dans les trois grottes où le sol a été profondément remué cette couche est apparue et qu'une grande partie des grossiers instruments qu'elle contenait était en grès ou en calcaire. J'ai dit que, dans la Barma-Grande, elle a fourni quelques outils en silex. Je dois enfin mentionner un grand *lissoir* en ivoire, qui a été rencontré en dehors de la grotte réduite à ses dimensions actuelles et dans le voisinage de l'éléphant.

II. — Couche de l'âge du renne.

Une quantité considérable d'objets travaillés a été

recueillie dans l'assise de l'âge du renne. Mon intention n'est pas d'entrer dans de longs détails à leur sujet. Je chercherai simplement à donner une idée exacte des principaux types qu'on y a rencontrés.

A. — *Instruments en pierre.* — Les instruments en pierre sont extrêmement nombreux; presque tous sont en silex appartenant à des variétés différentes. On y voit des silex jaunes translucides, des silex jaspés aux colorations les plus diverses, etc. En général, les dimensions des instruments en pierre rencontrés dans cette couche sont assez réduites, fait déjà signalé par M. Rivière. L'une des plus grandes lames recueillies par M. Abbo ne dépasse pas 113 millimètres de longueur sur 30 millimètres de largeur maxima.

Les *lames* ou couteaux se trouvent à foison, de même que les simples éclats. Elles sont tranchantes parfois sur les deux bords, parfois sur un bord seulement, l'autre formant alors une sorte de dos mousse. Il en est qui sont d'une petitesse tout à fait remarquable (30 millimètres sur 5). Les bords n'offrent pas de retouches, et si l'on observe dans certains cas des *écaillures*, pour employer une expression très juste de A. de Quatrefages, elles se sont produites à l'usage.

Les *grattoirs* sont presque aussi communs que les couteaux. Ce sont des lames se terminant toujours par une extrémité arrondie ; ces grattoirs sont retouchés tantôt sur tout le pourtour, tantôt sur les bords et à une seule extrémité (fig. 16), tantôt aux deux bouts (grattoirs doubles), tantôt enfin à un bout seulement (fig. 17 à 20). Ils rentrent toujours dans le

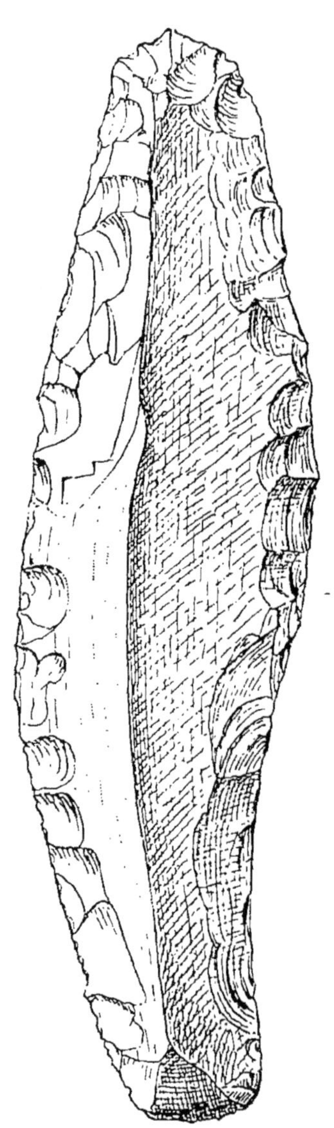

FIG. 16. — Grattoir allongé, retouché sur les bords
(couche du renne).

type dit de La Madeleine. Que la forme en soit courte ou allongée, on observe toujours des retouches soignées à l'extrémité convexe. Ces retouches ont détaché, non pas de grands éclats, mais des fragments de petites dimensions.

Certains grattoirs se terminent, au bout opposé à

FIG. 17. — Grattoir du type magdalénien (couche du renne).

FIG. 18. — Grattoir du type magdalénien (couche du renne).

l'extrémité convexe, par un biseau qui a été obtenu en détachant un seul éclat par percussion; ce sont les *grattoirs-burins* (fig. 21), instruments admirablement adaptés au travail de l'os. Mais le *burin* peut être simple, sans présenter d'extrémité taillée en forme de grattoir.

D'autres fois nous trouvons des *perçoirs*, c'est-à-dire des outils qui ont été soigneusement retouchés à un bout, de façon à obtenir une pointe (fig. 22). Ils peuvent être retouchés sur un de leurs bords ou même sur les deux.

Les *pointes* sont extrêmement communes. Elles sont habituellement retouchées sur les deux bords et à l'ex-

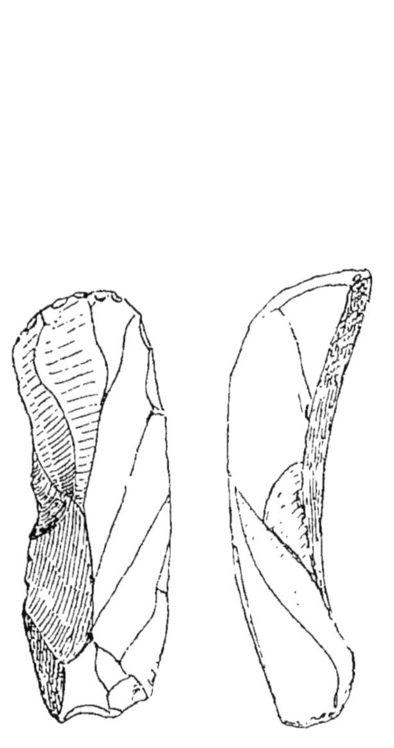

FIG. 19 et 20. — Face et profil d'un grattoir de la couche du renne.

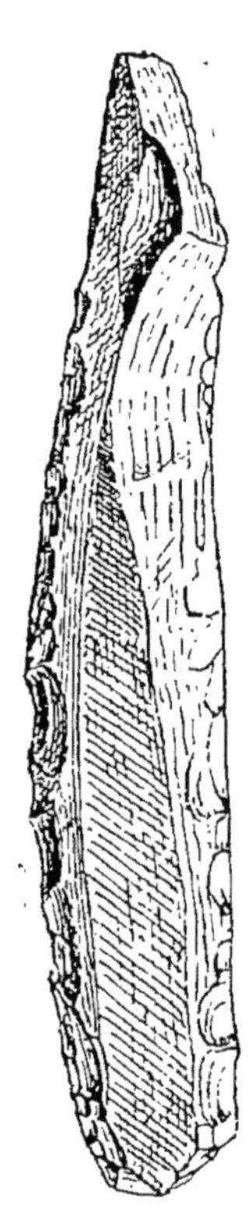

FIG. 21. — Grattoir-burin (couche du renne).

trémité (fig. 23). Leurs dimensions, parfois très faibles, ne dépassent que rarement 6 centimètres en longueur.

Je n'ai pas parlé de très petits silex, relativement

allongés, qui offrent une coupe triangulaire. Un seul

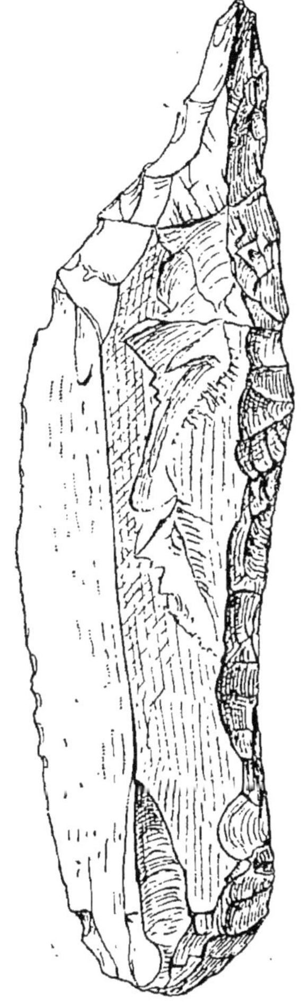

FIG. 22. — Perçoir de la
couche du renne.

FIG. 23. — Pointe retou-
chée sur les bords et à
l'extrémité (couche du
renne).

de leurs bords est tranchant ; il est limité par deux

aces lisses, sans aucune trace de retouches. Quand des éclats se sont détachés sur ce bord, c'est en se servant de l'objet, ainsi qu'on le voit très nettement sur l'outil que représente la figure 24. Il s'agit dans ce cas d'écaillures et non de retouches. La troisième face, au contraire, qui forme pour ainsi dire le dos de l'outil,

FIG. 24. — Lame à tran-
chant abattu (couche
du renne).

FIG. 25 et 26. — Lames à
tranchant abattu (couche
du renne).

a été retaillée avec soin. La partie qui paraît avoir été ménagée avec un soin tout particulier, c'est la pointe. Ces *lames à tranchant abattu* (fig. 24 à 26), comme les

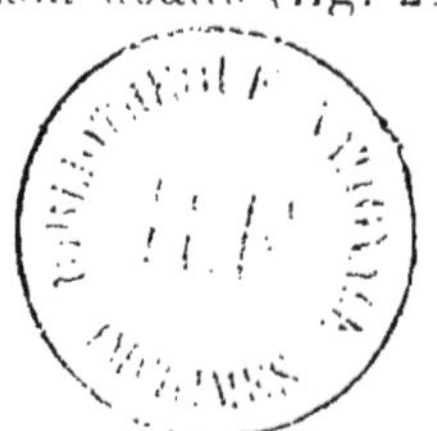

9

ont appelées MM. Cartailhac et Boule (1), étaient probablement destinées à polir de petits morceaux d'os ou
des coquilles au moyen de leur bord tranchant et à les
perforer à l'aide de la pointe. Les auteurs que je viens
de citer en ont rencontré une quantité assez notable
dans la grotte de Reilhac (Causses du Lot) ; il les ont
recueillies dans une couche qu'ils regardent comme
remontant à la fin de l'âge du renne et qui forme presque la transition entre l'époque quaternaire et l'époque
actuelle.

Je ne saurais terminer cette courte énumération des
instruments en pierre de la couche de l'âge du renne
sans mentionner quelques *racloirs*, assez comparables à
ceux de l'assise inférieure et des *pointes* rentrant tout
à fait dans le type du Moustier, sans aucune retouche,
comme celle que représente la figure 13. Doit-on les
considérer comme datant de la même époque que
les pièces que je viens de passer en revue ? C'est une
opinion qui peut se soutenir. Nous savons, en effet,
que ces types archaïques ont persisté, on petit nombre, il est vrai, jusqu'à des époques assez rapprochées de nous. J'ai recueilli moi-même dans des
dolmens, c'est-à-dire dans des monuments de la période de la pierre polie, des racloirs et des pointes que
les archéologues qui se basent uniquement sur la
forme des outils pour en déterminer l'âge, auraient
fait remonter à l'époque du Moustier.

____

(1) EM. CARTAILHAC et M. BOULE. *La grotte de Reilhac*.
Lyon, 1889, p. 34.

Mais il se peut aussi fort bien que les instruments auxquels je fais allusion proviennent de la couche profonde et aient été transportés à un niveau plus élevé. En effet, des remaniements ont été opérés sur quelques points de la Barma-Grande et sans doute, à en juger par le mélange d'animaux d'époques différentes, dans plusieurs autres grottes. Sans même avoir besoin d'invoquer ces remaniements, on s'expliquerait très bien que des objets de l'assise à éléphant aient été découverts à une époque postérieure à la formation de cette couche et transportés dans la grotte, alors que le dépôt s'était sensiblement accru. Une observation que j'ai faite au mois de mars permettra de comprendre qu'il ait pu en être ainsi.

En observant les différentes couches qui se sont accumulées dans la caverne, on s'aperçoit très facilement qu'elles s'inclinent régulièrement de haut en bas et du fond vers l'entrée. On peut donc en conclure que l'ouverture n'offrait aucun barrage capable de retenir les matériaux, qui glissaient en partie au dehors. Dans ces conditions le remplissage devait se terminer en avant par une sorte de talus incliné, les couches inférieures s'avançant plus loin que les supérieures. Les assises du bas étant facilement accessibles dans leur partie antérieure, il est bien probable que les gens qui s'abritaient dans la grotte ont parfois vu affleurer des objets qui ont frappé leur attention et qu'ils ont transportés dans leur demeure. Je suis d'autant plus porté à le croire que j'ai pu me procurer quelques objets de forme archaïque et des fragments de brèches

recueillis à un niveau relativement élevé. Or ces fragments de brèches étaient isolés au milieu d'un sol peu
tassé et plusieurs ressemblent singulièrement à ceux
qu'on pourrait extraire aujourd'hui de la couche de
l'éléphant.

Quoi qu'il en soit, il est certain que des mélanges

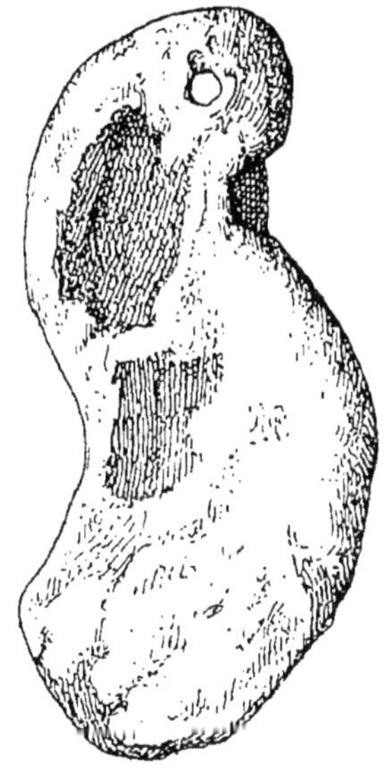

FIG. 27. — Astragale de
cerf ayant servi de pen-
deloque.

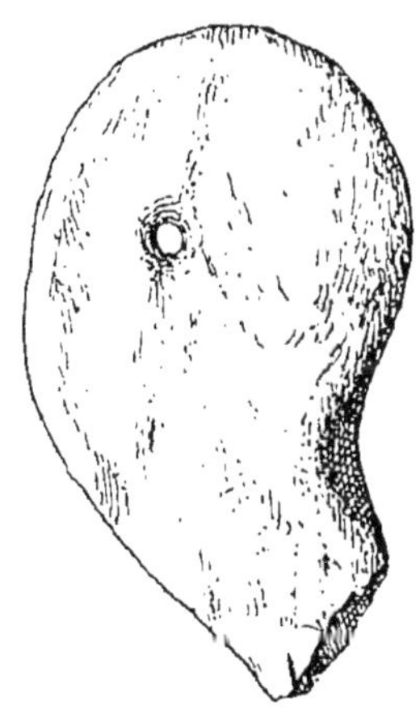

FIG. 28. — Extrémité de
clavicule transformée en
pendeloque.

d'animaux d'époques différentes ont été observés au
même niveau et que des industries diverses se montrent parfois dans la même assise. La couche de l'âge
du renne de la Barma-Grande a fourni, par exemple,
à M. Abbo une canine de félin qui gisait à peu près à
la hauteur des squelettes.

B. — *Instruments en os et objets de parure.* — Les instruments en os de la couche du renne sont peu nombreux ; ils consistent en *poinçons* et en *lissoirs*, sur lesquels il me parait tout à fait inutile d'insister.

Quant aux *objets de parure* en os et en coquille, ils sont des plus rudimentaires. J'en ai fait figurer plusieurs

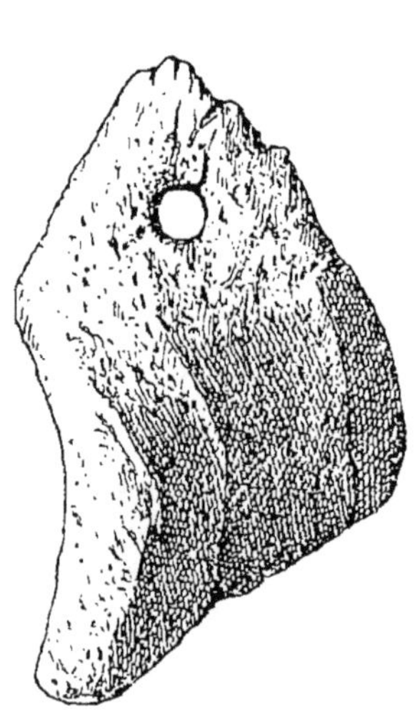

FIG. 29. — Épiphyse transformée en pendeloque.

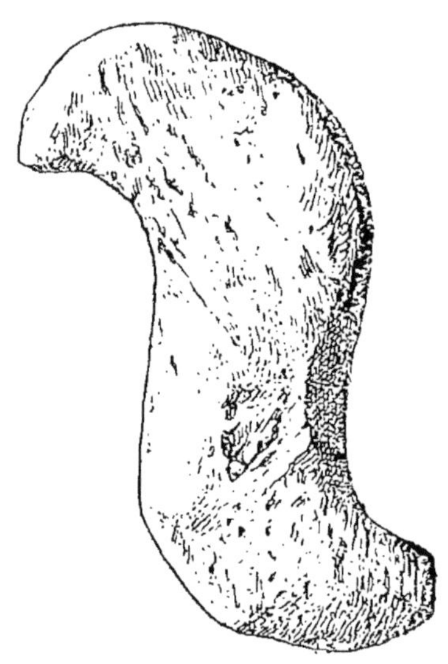

FIG. 30. — Fragment d'os préparé pour en faire une pendeloque.

pour mon premier travail ; je reproduis ici ces figures, qui me dispenseront d'entrer dans une description détaillée. Un astragale de cerf (fig. 27), une extrémité de clavicule (fig. 28), une épiphyse d'un os long quelconque (fig. 29), suffisaient pour constituer un ornement dès qu'on y avait percé un trou de suspension.

Ces pendeloques étaient parfois grossièrement taillées

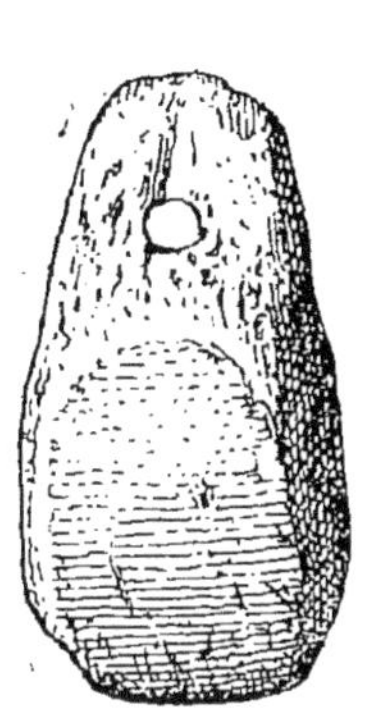

FIG. 31. — Pendeloque en
os, légèrement polie.

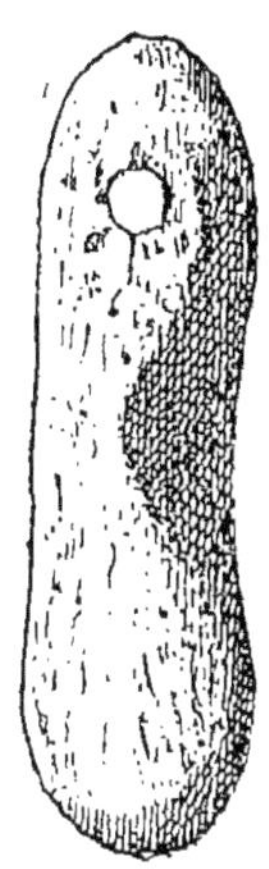

FIG. 32. — Pendeloque en
os, légèrement polie.

(fig. 30) ou légèrement polies (fig. 31 et 32). D'autres

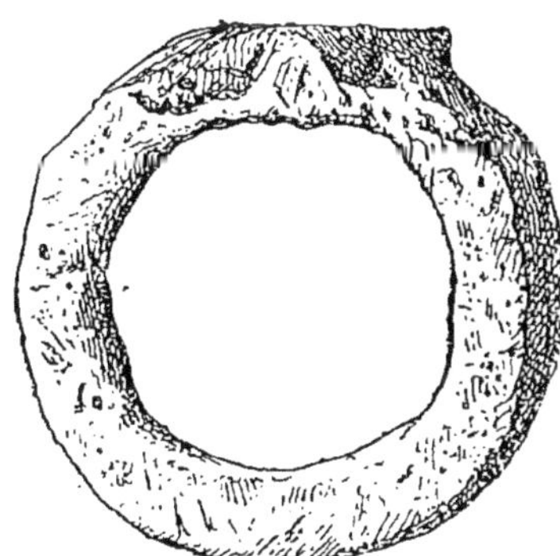

FIG. 33. — Anneau scié dans
la diaphyse d'un os long.

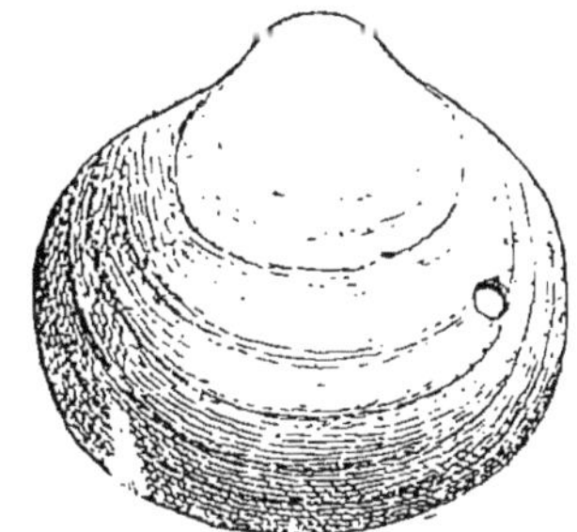

FIG. 34. — Pendeloque en
coquille.

fois encore on sciait en travers la diaphyse d'un os long

en deux points rapprochés et on obtenait un anneau qui pouvait facilement se suspendre (fig. 33). Souvent enfin l'os était remplacé par une coquille marine (fig. 34) qu'on ne peut reconnaître pour une pendeloque qu'au trou dont-elle est percée.

Dans les autres grottes, M. Rivière a trouvé les mêmes instruments en os, les mêmes ornements en coquilles, qu'il décrit avec un grand luxe de détails et dont il figure un grand nombre. En dehors des poinçons et des lissoirs, il nous signale des *poignards* qui ne sont autre chose que des poinçons de grande taille, des *pointes plates*, parfois fendues à la base pour en faciliter l'emmanchure, de *longues pointes* d'un faible diamètre dont la base est souvent taillée en biseau pour pouvoir être facilement insérée dans une fente pratiquée à l'extrémité d'une hampe, des *objets affilés aux deux bouts* et polis sur toute leur surface, enfin des *aiguilles en os*. Des phalanges de renne, percées d'un trou rond qui ne se voit que sur une des faces de la pièce, ont été considérées depuis longtemps par les archéologues comme des *sifflets*. Tous ces instruments doivent provenir de la couche de l'âge du renne, car ils rappellent entièrement les innombrables objets découverts de tous côtés dans les assises de cette époque.

C. — *Gravures et sculptures*. — A l'âge du renne, l'homme de nos contrées s'est à peu près partout montré artiste. En a-t-il été autrement aux Baoussé-Roussé? Jusqu'à ces derniers temps on aurait pu le croire. M. Rivière avait uniquement représenté deux os portant des traits gravés en creux : l'un présente deux séries de trois traits transversaux et parallèles ; l'autre est un os de bœuf qui offre des traits irréguliers tracés en divers sens. M. Salomon Reinach nous a fait connaître récemment (1) des objets d'un tout autre intérêt que je ne puis passer sous silence, car ils proviennent de la Barma-Grande. Ils ont été achetés, en 1896, par le Musée de Saint-Germain, à M. Julien, qui, comme nous l'avons vu, avait pratiqué des fouilles dans la grotte douze ans auparavant. C'est entre quatre et cinq mètres de profondeur qu'auraient été trouvés une statuette, « un objet hémisphérique en stéatite, orné d'incisions et un autre objet en schiste, de forme oblongue, avec incisions sur les deux faces ». A ce niveau, on devait être encore dans la couche du renne, qui semble avoir eu une épaisseur considérable dans la Barma-Grande. D'ailleurs le vendeur déclare qu'à côté des objets cités, il a recueilli de nombreux burins en silex. Voici la description que donne M. Reinach de la statuette.

« La matière est une stéatite jaune et légèrement translucide, dont la surface est assez fortement endommagée en plusieurs endroits. La figure a 0 m. 047 de haut et 0,012 d'épaisseur *maxima* ; le bas des jambes manque. La tête, où les traits ne sont pas indiqués, présente une forme ovale ; le front est fuyant. Une grosse touffe de cheveux descend sur la nuque, rappe-

(1) SALOMON REINACH. Statuette de femme nue découverte dans une des grottes de Mentou. In *L'Anthropologie*, t. IX, 1898 (avec 4 figures et 2 planches).

lant d'une manière frappante la disposition de la chevelure dans certaines statues grecques archaïques. Les seins sont énormes et pendent jusque sur le ventre ; les bras ne sont pas indiqués. Le milieu du corps présente une forte saillie que l'on prendrait, au premier abord, pour une ceinture avec une boucle au milieu ; mais comme il n'y a pas de trace d'une ceinture par derrière, cette explication ne peut convenir. En réalité, les deux bourrelets en haut des cuisses sont des replis graisseux et la saillie centrale est exactement comparable à celle qu'on constate, à la même place, sur une des statuettes découvertes par M. Piette à Brassempouy (1). M. Piette écrit à ce sujet : « Le ventre est plat... A sa partie inférieure *est une forte nodosité en losange, très saillante...* J'ai montré cette statuette à de nombreuses personnes ; presque toutes ont été d'avis qu'elle représentait une femme *dont le mont de Vénus portait une saillie exagérée.* » Il en est de même de la statuette de Menton (2). En note, M. Reinach ajoute : « On distingue, à la surface de la nodosité dont il est question, une strie irrégulière, dirigée de haut en bas, qui paraît avoir été tracée avec intention. Ce serait une indication complémentaire du sexe. »

La note de M. Reinach a surpris quelques savants, disposés à voir des faux dans les pièces qu'ils ne décrivent pas eux-mêmes. Comment se serait-il écoulé douze ans sans qu'on ait eu connaissance de l'exis-

---

(1) *L'Anthropologie*, 1895, pl. VIII, fig. 1 *a*, 1 *b*.
(2) *L'Anthropologie*, 1895, t. IX, 1898, p. 30.

tence de cette statuette ? M. Julien avait répondu par
avance à cette objection en déclarant spontanément
que sur le conseil qui lui en avait été donné il l'avait
cachée « pour ne pas rajeunir les grottes ». D'ailleurs,
appelé souvent au Canada et n'attachant pas beaucoup
d'importance à la collection qu'il avait recueillie, il
ne montra qu'en 1896 à MM. Reinach et de Villenoisy
les pièces qu'acheta le Musée de Saint-Germain et dont
il ne soupçonnait encore nullement l'intérêt.

M. Rivière, qui n'a pas vu la pièce, suppose qu'elle
est fausse parce que le baron Bruining a acheté en 1892,
pour le Musée de Riga, des objets faux qu'on lui avait
dit avoir été découverts dans les grottes des Baoussé-
Roussé (!) Mais si « l'ancienneté de la statuette, dite
de Menton, contestée par les uns, affirmée par les
autres, était définitivement acquise, il resterait peut-
être encore à prouver son origine, à prouver qu'elle a
bien été trouvée dans l'une des grottes des Baoussé-
Roussé » (1). Il est absolument impossible d'admettre
qu'un simple ouvrier ait fait un faux aussi parfait que
celui acheté par le Musée de Saint-Germain ; la statuette est trop analogue à celles découvertes dans des
couches de l'époque quaternaire pour qu'on puisse lui
assigner une semblable origine. Et si elle est vraie,
pourquoi le vendeur ne l'aurait-il pas découverte dans
la Barma-Grande qu'il a partiellement fouillée, ainsi
que le sait fort bien M. Rivière ?

____

(1) *Bull. de la Société d'Anthropologie de Paris*, 1898,
p. 153.

M. G. de Mortillet, pour contester « carrément » l'authenticité de la pièce, invoque d'autres arguments. Pour lui la statuette, fabriquée par un faussaire, a été longtemps portée dans la poche afin de lui donner une patine et de faire disparaître les traces de coupure au couteau de fer (1). Mais la raison principale qui lui en fait contester l'authenticité, c'est que les seins et les fesses offrent un développement exagéré. Il faut donc voir dans la pièce une statuette obscène, fabriquée par un faussaire, qui, « pour surexciter les amateurs et les acheteurs, a exagéré de la manière la plus absurde les seins et les fesses » (2). Mais, à ce compte-là, les statuettes découvertes à Brassempouy par M. Piette seraient également fausses, car elles présentent un tel développement de la région fessière que le savant archéologue les a comparées à des femmes Boschismanes.

D'ailleurs, M. Salomon Reinach a répondu en quelques lignes aux objections de G. de Mortillet dans une lettre qu'a publiée *L'Anthropologie* (3), et je crois que pour tout homme impartial la question est jugée. Aussi n'hésiterai-je pas à admettre que les hommes qui vivaient au Baoussé–Roussé pendant l'âge du renne avaient le même sentiment artistique que ceux

---

(1) Remarquons, en passant, que si ces « traces de coupure au couteau de fer » *ont disparu*, rien n'autorise à affirmer qu'elles ont existé.

(2) *Bull. de la Société d'Anthropologie de Paris*, 1898, p. 150.

(3) Cf. *L'Anthropologie*, t. IX, 1898, p. 613.

qui vivaient à la même époque dans le sud-ouest de la France.

III. — Couches superficielles.

L'industrie des couches superficielles des cavernes des Rochers-Rouges nous est fort mal connue ; j'en ai déjà exposé les motifs. Qu'il me suffise de rappeler que l'exploration de ces couches a généralement été faite avec peu de soin et que bien souvent la partie supérieure avait disparu lorsque les fouilles sur lesquelles nous avons quelques renseignements ont été entreprises. Je n'ajouterai rien à ce que j'ai dit plus haut (1). J'ai montré, je crois, d'une façon suffisante que les grottes renfermaient à la surface une couche néolithique plus ou moins épaisse, dans laquelle on a découvert, entre autres objets, des haches en pierre polie. On comprendrait difficilement qu'il en eût été autrement, car on ne saurait supposer que le remplissage ait cessé brusquement à la fin des temps quaternaires ; et, si l'homme continuait à fréquenter les cavernes, il a dû forcément y laisser quelques-uns de ses instruments.

____

(1) Voyez chap. Ier, p. 55.

CHAPITRE IV

Caractères physiques des hommes des Baoussé-Roussé.

A l'heure actuelle, nous connaissons un assez grand nombre d'ossements humains recueillis dans les cavernes des Rochers-Rouges pour que nous puissions avec certitude nous faire une idée de leur type ethnique. Ce qui frappe tout d'abord, c'est l'homogénéité remarquable de la tribu qui a vécu en cet endroit ; les caractères fondamentaux sont les mêmes chez tous les sujets et les différences qu'on observe ne dépassent pas la limite des différences individuelles qu'on rencontre dans la population la moins mélangée.

A. — *Taille*. — La race était assurément de grande taille ; toutefois on a singulièrement exagéré la stature de nos hommes. Des curieux se sont armés de mètres et ils ont mesuré la hauteur des sujets depuis le vertex jusqu'à l'extrémité des phalanges unguéales des pieds, sans se préoccuper si les os étaient en place et si les pieds étaient dans l'extension forcée ; c'est ainsi qu'on a obtenu le chiffre de 2 m. 25 pour le premier sujet découvert par M. Abbo.

Un sculpteur, M. Mégret, a employé un procédé qui n'est pas absolument nouveau, mais qui a été abandonné par tous les hommes de science (1). Aujourd'hui, pour évaluer la taille, les anthropologistes s'appuient sur le rapport qui existe entre la longueur des grands os des membres et la hauteur totale du corps. M. Mégret, lui, base son système sur le rapport entre la phalangine du médius et la taille ; cette phalangine représenterait la 64ᵉ partie de la hauteur totale. Il arrive à des résultats d'une précision renversante : 1 m. 984 pour le sujet découvert le 12 janvier 1894 dans la Barma-Grande ; 2 m. 144 pour celui découvert en 1892 dans la même grotte ; 1 m. 984, 1 m. 920 et 2 m. 048 pour chacun des trois squelettes trouvés par M. Rivière. Or, rien n'est plus variable que la longueur des doigts chez les différents individus, et, d'un autre côté, il suffit de commettre une erreur d'un millimètre en mesurant la phalangine pour arriver, en multipliant par 64, à une erreur totale de 64 millimètres. Par suite, il est impossible d'attacher d'importance aux chiffres donnés par M. Mégret.

M. Rivière ne nous dit pas quel procédé il a employé pour évaluer la taille de ses sujets, ou plutôt il oublie de nous indiquer les coefficients dont il s'est servi. Les chiffres qu'il admet sont les suivants :

Homme de la grotte du Cavillon...	1 m. 85 à 1 m. 90
1ᵉʳ sujet masculin de la 6ᵉ grotte...	2 m. à 2 m. 05
2ᵉ — — — ...	1 m. 95 à 2 m.

Ces chiffres sont certainement trop élevés. Si, en

____

(1) A. MÉGRET. *Études de mensurations sur l'homme préhistorique.* Nice, 1894.

effet, on reconstitue la stature à l'aide des coefficients de M. Manouvrier, en prenant les longueurs des os longs indiquées par M. Rivière dans son livre, on arrive aux résultats suivants :

Squelette de la 4e caverne :

LONGUEUR DES OS		TAILLE
Humérus...	342 mm.	1 m. 71
Cubitus....	283 —	1 — 77
Radius.....	263 —	1 — 76
Fémur.....	464 —	1 — 69
Tibia......	412 —	1 — 79

Moyenne..... 1 m. 74 (au lieu de 1 m. 85 à 1 m. 90).

1er squelette de la 6e grotte :

Humérus...	365 mm.	1 m. 82
Cubitus....	300 —	1 — 85
Radius	280 —	1 — 85
Fémur.....	535 —	1 — 89
Tibia......	420 —	1 — 83

Moyenne..... 1 m. 85 (au lieu de 2 m. à 2 m. 05).

2e squelette de la 6e grotte :

Humérus ..	363 mm.	1 m. 81
Cubitus....	292 —	1 — 82
Radius	264 —	1 — 77
Fémur.....	504 —	1 — 785
Tibia......	?	

Moyenne..... 1 m. 80 (au lieu de 1 m. 95 à 2 m.).

J'aurais de sérieuses réserves à faire au sujet des

longueurs données par M. Rivière. Il n'hésite pas à faire figurer des chiffres sur son tableau, même lorsqu'il a déclaré dans son texte que les os dont il parle sont incomplets. En acceptant ces chiffres hypothétiques, on arrive, comme je viens de le montrer, à des tailles sensiblement inférieures à celles qu'il indique, et la différence oscille entre 15 et 20 centimètres.

Pour les squelettes découverts par M. Abbo, j'ai obtenu les résultats suivants, en me servant des coefficients de Manouvrier :

SUJETS	LONGUEUR DES OS		TAILLE
1er Homme...	Fémur.........	550 mm.	1 m. 94
2e Homme....	Humérus......	316 —	1 — 73
	Cubitus......	295 —	1 — 85
	Radius........	269 —	1 — 79
	Fémur........	486 —	1 — 75
	Moyenne.....		1 m. 78
Femme......	Humérus......	328 mm.	1 m. 65
Adolescent...	Humérus......	328 —	1 — 644
	Fémur........	440 —	1 — 654
	Moyenne.....		1 m. 65

Un certain nombre d'observations personnelles me portent à croire que les coefficients de M. Manouvrier sont un peu trop faibles quand il s'agit d'individus de très haute stature. Prenons, néanmoins, comme exacts les résultats auxquels ils conduisent; nous sommes en droit de dire que ces hommes de 1 m. 74 à 1 m. 98, que cette femme de 1 m. 65 dont les dents de

sagesse n'étaient pas sorties, et cet adolescent de
1 m. 65 également étaient des gens de belle taille. La
moyenne des cinq hommes atteindrait 1 m. 82.

B. — *Proportions*. — Ces individus de si belle stature
étaient en même temps fort robustes. C'est, naturellement, chez les hommes qu'on observe surtout les signes
de robusticité. Tous les os montrent des insertions
musculaires très puissantes et des dimensions considérables ; ainsi l'extrémité inférieure de l'humérus du
premier sujet trouvé par M. Abbo mesure 65 millimètres de large, et son fémur offre, en bas, une largeur
de 85 millimètres. C'est surtout sur le fémur qu'on
observe les signes d'une vigueur peu commune. Chacun sait que le bord postérieur de cet os est très ru-
gueux et a reçu le nom de *ligne âpre*. C'est là que
viennent s'attacher le triceps crural, le grand fessier,
les trois adducteurs, le biceps crural, le jumeau interne et le plantaire grêle. Plus ces muscles sont
développés et plus la ligne âpre est forte. Or, sur nos
hommes des Baoussé-Roussé elle forme une vraie
colonne faisant une saillie d'un centimètre chez le
sujet qui a été carbonisé.

Le tibia offre une particularité remarquable, à
laquelle on a donné le nom de *platycnémie*. L'os est
très robuste, mais aplati transversalement, au point
que la face postérieure disparaît plus ou moins. Pour
évaluer ce caractère, on établit le rapport qui existe
entre le diamètre transverse et le diamètre antéro-
postérieur, mesuré l'un et l'autre au niveau du trou
nourricier. Le tibia du sujet carbonisé m'a donné

l'indice le plus bas ; il descend à 57,14, c'est-à-dire que la largeur de l'os ne représente guère plus de la moitié de son épaisseur mesurée d'avant en arrière.

Lorsque j'ai évalué la taille à l'aide des os longs, j'ai obtenu un chiffre plus faible, quand je me suis servi de l'humérus, que lorsque j'ai pris pour base le cubitus ou le radius. Cela dénote que l'avant-bras était relativement plus développé que le bras. Il m'a été possible, d'ailleurs, de mettre ce fait en évidence par un autre procédé, en calculant directement le rapport qui existe entre la longueur du radius et celle de l'humérus. Le calcul effectué sur le sujet découvert en 1894 m'a donné le rapport 77,74, c'est-à-dire un chiffre bien voisin de celui que Broca et M. Hamy ont trouvé pour les Nègres, qui possèdent des avant-bras démesurément allongés. M. Rivière avait trouvé pour le squelette de la grotte du Cavillon le rapport 76,90, un peu moins élevé, mais encore très notable.

M. le professeur Testut avait observé sur un squelette datant à peu près de la même époque (squelette de Chancelade) que le gros orteil s'écartait sensiblement des autres doigts. Rien de semblable n'existait sur ceux de la Barma-Grande, au moins sur les deux hommes dont les pieds étaient en assez bon état pour me permettre de constater la position des phalanges : celles du gros orteil étaient parallèles à celles des autres doigts et rapprochées des phalanges du second orteil.

C. — *Tête*. — La tête des troglodytes des Baoussé-Roussé offre des caractères bien accentués, qui se montrent, comme toujours, plus exagérés chez les hommes que chez la femme. Tout d'abord on est frappé de la dysharmonie qui existe entre le crâne et la face : tandis que le crâne est très développé d'avant en arrière, la face est à la fois très courte et très large.

Lorsqu'on regarde le crâne par le haut, on note une

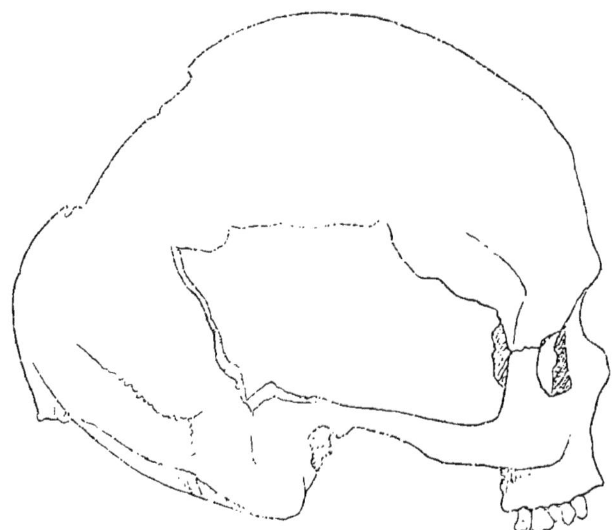

Fig. 35. — Tête du sujet masculin découvert en 1892 (1/3 gr. nat.).

forme pentagonale assez nette, qui est due au développement notable des bosses pariétales et à la saillie de l'écaille de l'occipital. Si on l'examine de profil (fig. 35), on remarque que le front présente une belle courbe qui se continue régulièrement sur une partie de la région pariétale. En arrière, les pariétaux s'aplatissent et le méplat qui en résulte se voit encore sur la portion supérieure de l'occipital ; puis cet os se renfle en formant une bosse extrêmement marquée. La base du crâne est sensiblement plus plate que de coutume.

Je viens de dire que le crâne est très allongé d'avant en arrière; sur le premier sujet de la Barma-Grande le diamètre antéro-postérieur atteint 211 millimètres, chiffre tout à fait exceptionnel. Le diamètre transverse, qu'on obtient en multipliant par 2 la mesure donnée par la moitié restée intacte, n'étant que de 134 millimètres environ, l'indice céphalique n'est guère supérieur à 63. Il indique une dolichocéphalie très exagérée. Il est vrai que le mauvais état de la pièce ne permet pas de donner ce chiffre comme absolument précis; mais dût-on l'élever un peu qu'il n'en resterait pas moins extrêmement faible. Le crâne du deuxième squelette masculin, découvert en 1894, n'ayant pas encore été réparé au mois de mars dernier, il ne m'a pas été possible de le mesurer Il a été impossible également d'évaluer le degré de dolichocéphalie des crânes trouvés dans les autres grottes par M. Rivière à cause de leur état de conservation, mais il est certain que l'homme dont le squelette figure dans les galeries du Muséum de Paris était franchement dolichocéphale. Quant à celui que possède le musée de Menton, son indice céphalique est de 73,9, ce qui le classe encore parmi les dolichocéphales et, d'ailleurs, par la majeure partie de ses caractères, il rentre dans le même type que les autres.

Le grande largeur de la face tient au développement

exagéré des arcades zygomatiques et ne porte que sur
la partie moyenne et la partie supérieure; l'arcade
dentaire est, au contraire, étroite. Les arcades sourcilières sont très saillantes au-dessus du nez; mais,
en dehors, elles s'atténuent et s'effacent au niveau des

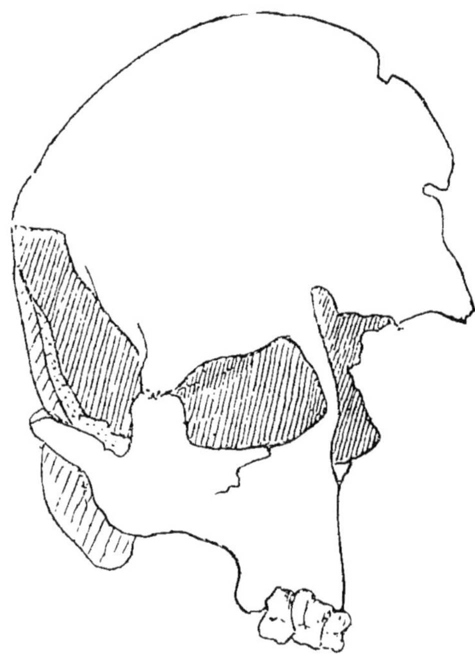

Fig. 36. — Tête du sujet masculin découvert en 1892
(1/3 gr. nat.).

apophyses orbitaires externes du frontal. Les orbites
ont une forme rectangulaire, les angles en étant à peine
arrondis (fig. 36). Ce qui ne frappe pas moins, c'est
le peu d'élévation de ces orbites par rapport à leur
largeur; l'indice orbitaire (rapport de la hauteur à la

largeur) peut tomber à près de 60, ce qui signifie que la hauteur ne représente que 60 p. 100 du diamètre transverse. Le nez, enfin, est plutôt étroit et saillant et le maxillaire supérieur un peu prognathe dans sa portion dentaire.

La mâchoire inférieure est robuste; les branches montantes notamment sont d'une largeur remarquable. Notons la forme triangulaire du menton et l'usure des dents, qui s'observe jusque chez l'adolescent rencontré par M. Abbo. Chez les adultes, l'usure peut porter sur toute la couronne; c'est ce que montre l'homme dont le squelette a été mis au jour en 1892.

L'adolescent et la femme offrent les mêmes caractères généraux que les hommes, avec les atténuations qui résultent de l'âge ou du sexe. C'est ainsi que la femme (fig. 37), tout en étant franchement dolichocéphale (indice céphalique = 71,58), ne montre pas le méplat pariéto-occipital, ni l'aplatissement de la base que j'ai signalés dans l'autre sexe. Sa face reste basse et large ; ses orbites ont les angles un peu arrondis, mais elles sont toujours extrêmement larges par rapport à leur hauteur (indice = 73,81).

En résumé, la race qui vivait aux Baoussé-Roussé est remarquable par sa grande taille, sa force musculaire exceptionnelle, la longueur de ses avant-bras, la saillie de la ligne âpre de son fémur qui, chez les hommes, arrive à former une véritable colonne, et par l'aplatissement transversal du tibia.

La tête, très volumineuse, dysharmonique, nous

montre un crâne extrèmement allongé surmontant

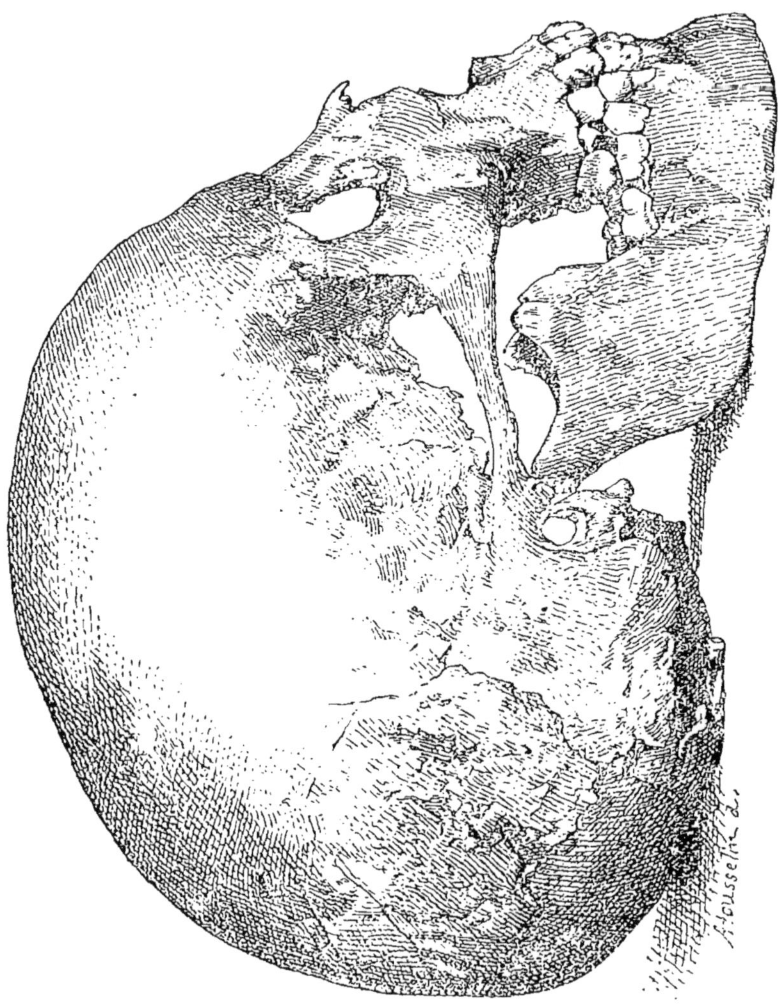

FIG. 37. — Tête féminine vue de profil (1/2 gr. nat.).

une face courte et large. La saillie des bosses pariétales imprime à la voûte une forme pentagonale; le

front est bien développé, d'une courbe régulière. En arrière, un méplat existe sur la région pariétale postérieure et sur la portion supérieure de l'écaille de l'occipital ; puis l'occipital se renfle, pour s'aplatir de nouveau à la base. L'élargissement de la face porte uniquement sur les régions supérieure et moyenne ; en bas, dans la portion maxillaire, le visage est plutôt étroit. Les yeux étaient logés dans des orbites rectangulaires, démesurément larges et basses, que surmontent des arcades extrêmement saillantes en dedans, mais qui s'effacent complètement en dehors. Le nez est étroit, comme la région maxillaire. La mandibule, à menton triangulaire et saillant, est d'une robusticité remarquable et porte, comme la mâchoire supérieure, des dents qui s'usaient de bonne heure.

Tels sont les principaux caractères de cette curieuse race, qui diffère sensiblement des habitants actuels de nos contrées et, je puis ajouter, d'à peu près toutes les populations modernes. Mais, dans le passé, cette race a compté beaucoup de représentants. A l'âge du renne, elle peuplait notamment le sud-ouest de la France, où elle a laissé de nombreuses traces de son séjour. On la connait en science sous le nom de *race de Cro-Magnon*, parce que c'est dans un abri sous roche ainsi dénommé, situé aux Eyzies (vallée de la Vézère) qu'on a découvert ce type pour la première fois. Quelques savants ont proposé de substituer à ce nom celui des Baumes-Chaudes, autre localité dans laquelle on a également rencontré le type de la race dans toute sa pureté. Je conserverai le nom de Cro-

Magnon parce qu'il a pour lui des droits de priorité et qu'il est certainement plus connu que le second. C'est, je le répète, à cette race qu'appartiennent les hommes des Baoussé-Roussé, qui en reproduisent tous les caractères essentiels. Je dirai même que l'identité se poursuit jusque dans les détails, et il m'aurait été facile de le démontrer si j'avais voulu entrer dans des considérations techniques, devant lesquelles j'ai reculé pour ne pas trop fatiguer le lecteur.

La race de Cro-Magnon, ai-je dit, a vécu pendant l'âge du renne ; elle devait occuper encore le sud-ouest de notre pays pendant l'époque de transition entre les temps quaternaires et l'époque actuelle, puisqu'on en a constaté la persistance à la période néolithique. C'est à elle qu'on attribue l'industrie qui a été rencontrée à la Barma-Grande dans l'assise immédiatement supérieure à la couche de l'éléphant ; c'est elle également qu'on regarde comme ayant fourni les artistes qui ont exécuté les nombreuses gravures, les nombreuses sculptures de la fin de l'époque quaternaire. Elle a certainement vécu aux Baoussé-Roussé, puisqu'on a trouvé des squelettes qui en présentent tous les caractères physiques, qu'on a recueilli d'innombrables outils qui portent pour ainsi dire sa marque de fabrique, et qu'on a même découvert les productions artistiques qui doivent être sorties de ses mains. Il semblerait donc qu'il ne reste plus qu'à clore ici cette petite notice, et cependant il me paraît indispensable de consacrer encore un chapitre à l'âge des sépultures.

CHAPITRE V

Age des Sépultures.

Quand on a dit que tout le dépôt qui remplissait les cavernes des Baoussé-Roussé appartenait à une même époque depuis la surface jusqu'au fond, à l'époque quaternaire, on n'a pas tenu compte des couches superficielles; mais, en outre, on est resté dans un vague dont il faudrait essayer de sortir.

L'époque quaternaire, en effet, a été longue, bien qu'elle ne puisse pas être comparée au point de vue de la durée à celles qui l'ont précédée. Néanmoins elle a duré assez longtemps pour qu'on ait cru devoir la subdiviser. Ces subdivisions s'imposaient d'ailleurs, car, entre le commencememt et la fin, les espèces animales se sont modifiées et l'industrie a subi une évolution notable. J'ai rappelé, au début de cette petite étude, que Lartet, se plaçant au point de vue de la paléontologie, avait proposé quatre subdivisions, qu'il a appelées, en les classant par ordre d'ancienneté :

1° L'époque de l'ours des cavernes ;

2° L'époque du mammouth et du rhinocéros à narines cloisonnées ;

3° L'époque du renne ;

4° L'époque de l'aurochs.

G. de Mortillet donna à son tour une classification

qui repose principalement sur l'industrie ; elle comprend également quatre divisions, qui sont, en allant de la plus ancienne à la plus récente :

1° L'époque chelléenne ;

2° L'époque moustérienne ;

3° L'époque solutréenne ;

4° L'époque magdalénienne.

Il a essayé de mettre chacune de ses divisions en accord, non seulement avec l'industrie, mais aussi avec la faune et avec les phénomènes géologiques.

Pouvons-nous rattacher nos sépultures à l'une quelconque de ces époques ? Au premier abord il semble qu'aucune hésitation ne soit permise : les premiers squelettes de la Barma-Grande ont été trouvés au-dessus de la couche de l'éléphant ; par conséquent, ils sont postérieurs à la formation de cette couche. Ils gisaient dans l'assise qui contenait la mâchoire de renne, au même niveau que les instruments typiques de l'époque magdalénienne. Par suite, il semble logique de conclure qu'ils sont contemporains du renne ou bien qu'ils remontent à l'époque de la Madeleine de Mortillet, qui concorde précisément avec la plus grande abondance du *Cervus tarandus* dans notre pays. J'ai eu cependant de forts doutes, et, après avoir étudié la question sur place, j'ai émis, en 1892, l'opinion que les sépultures ne dataient pas de l'époque quaternaire. Voici les principales raisons que j'invoquais à l'appui de ma manière de voir (1).

-----

(1) Cf. R. VERNEAU. Nouvelle découverte de cadavres

Les squelettes reposaient bien au milieu de l'assise de l'âge du renne, mais les cadavres avaient été inhumés dans une fosse dont j'avais observé nettement la paroi postérieure et cette fosse avait dû être creusée dans un terrain ancien, à une époque plus récente. Le mobilier funéraire avait un aspect moins archaïque que les instruments et les objets de parure découverts dans la partie de la couche qui n'avait pas été remuée et même à des niveaux supérieurs. Les grandes lames en silex placées dans la fosse, à côté des cadavres, le poinçon en os que porte sur le front le sujet du Muséum de Paris, ont une apparence néolithique. Les petites pendeloques en os dénotent un goût que n'avaient point les ouvriers qui ont fabriqué les grossières pendeloques provenant d'un niveau plus élevé et que j'ai figurées dans ce travail (*Voy.* fig. 27 à 33).

D'un autre côté, l'absence de toute poterie et d'instruments en pierre polie s'opposait à ce que les sépultures fussent placées à l'époque néolithique proprement dite. J'en concluais qu'elles dataient du début de notre époque géologique, de cette période de transition qui se place entre l'époque paléolithique et l'époque de la pierre polie. Pendant cette période vivait, dans notre pays, la race de Cro-Magnon, et mon hypothèse me paraissait de nature à expliquer tous les faits.

Mon mémoire a suscité de vives polémiques. Violem-

préhistoriques aux Baoussé-Roussé, près de M. nton. (*L'Anthropologie*, t. III, 1892.)

ment pris à partie par un savant, à la compétence duquel je me plais à rendre hommage, mais qui n'était pas allé sur les lieux (1), j'ai répondu avec l'ardeur que donne une conviction sincère. Bientôt la discussion sortit du terrain scientifique et je crus devoir la clore par cette phrase : « Pour reprendre cette discussion, il faudra des faits nouveaux, car, jusque-là, nous ne pourrions que nous livrer à des répétitions fastidieuses (2). »

Depuis cette époque, en effet, je n'ai plus rien écrit sur les Baoussé-Roussé, à part une petite notice qui a paru dans les *Bulletins de la Société d'Anthropologie de Paris*, à la suite d'une présentation que j'ai faite à cette Société le 5 mai 1898. M. Rivière, qui n'avait pas vu les objets figurés dans mon premier mémoire, n'avait pas hésité cependant à les taxer de fausseté. J'avais fait justice de cette accusation, mais je n'en tenais pas moins à mettre sous les yeux des archéologues les pièces elles-mêmes ; tous mes collègues ont été unanimes pour les considérer comme d'une authenticité indiscutable.

Les divergences qui s'étaient produites dès le début me faisaient un devoir d'aller examiner les trouvailles

----

(1) E. D'ACY. De l'âge des sépultures des grottes des Baoussé-Roussé. Bruxelles. Ce mémoire a été lu le 7 septembre 1894 au Congrès scientifique international des catholiques ; il a paru au mois d'octobre de la même année dans la *Revue des questions scientifiques*.

(2) Toute cette polémique se trouve dans le t. VI de *L'Anthropologie*, 1895 (p. 153-159, 344-354, 488, 489).

faites depuis 1892 par M. Abbo. Au mois de mars dernier, je suis donc retourné aux Rochers-Rouges en compagnie de mon collègue et ami, M. Boule, dont la compétence en archéologie préhistorique est reconnue par tous ceux qui s'occupent de ces questions. J'ai dû modifier légèrement ma première manière de voir et je me suis empressé de publier un nouvel article dans notre Revue (1).

Avant d'exposer ma manière de voir actuelle, il me faut rappeler certains faits.

Le lecteur n'a pas oublié que les squelettes découverts en 1894 gisaient à plus de 1 m. 60 au-dessus des autres. J'ignore s'ils avaient été déposés dans des fosses, aucune observation n'ayant été faite à cet égard. En tout cas, le sujet carbonisé n'aurait pu être inhumé que dans une fosse peu profonde. La position des os, qui se trouvaient, comme je l'ai dit plus haut, dans leurs relations anatomiques, indique que le cadavre a été brûlé sur place. Il est bien évident que si l'incinération avait été pratiquée ailleurs et si les débris avaient été ensuite transportés dans une fosse, les os se seraient mélangés ; on n'aurait pas rencontré, par exemple, les jambes symétriquement placées sous les cuisses et les pieds ne se seraient pas trouvés à l'extrémité de ces jambes, sous les ischions, avec tous leurs os dans leur position normale.

____

(1) R. VERNEAU. Les nouvelles trouvailles de M. Abbo dans la Barma-Grande, près de Menton. (*L'Anthropologie,* t. X, 1899, n° 4.)

Mais l'incinération n'a pu se faire qu'à la surface du sol ou dans une tranchée de faible profondeur. Dans une fosse profonde, la combustion n'aurait pas été assez active pour détruire les parties molles et carboniser les os. Par suite, il faut en conclure que la grotte était déjà remplie jusqu'au niveau où M. Abbo a découvert le dernier squelette lorsque le cadavre a été incinéré et que le remplissage devait s'arrêter à peu près à ce niveau.

D'un autre côté, il semble bien que toutes les sépultures soient contemporaines. J'ai montré, dans le chapitre précédent, que tous les sujets présentent les mêmes caractères physiques et qu'ils appartenaient par conséquent au même groupe ethnique ; et, dans le chapitre III, nous avons vu que le mobilier funéraire, les objets de parure étaient identiques dans la sépulture du bas et auprès des squelettes du haut. Si la contemporanéité des sépultures est admise, il en résulte que les trois individus dont les restes ont été mis au jour en 1892 sont morts lorsque la couche de l'âge du renne atteignait déjà une épaisseur d'environ deux mètres, car elle se prolongeait au-dessous des squelettes (1). Mais à ce moment, le cerf pullulait. On pourrait, en présence de cette abondance du cerf et du nombre des animaux actuels qui se rencontrent au

______

(1) J'ai signalé la légère inclinaison en avant des couches qui formaient le dépôt. Mais cette inclinaison n'est pas telle qu'on puisse regarder les squelettes de la première sépulture comme reposant sur la même assise que ceux du fond.

niveau des derniers squelettes, se demander si les temps quaternaires n'avaient pas pris fin à l'époque où se formait cette assise Il est probable, certain même, qu'il n'en était rien. Parmi les ossements de cerf, on a trouvé, à côté du *Cervus elaphus*, un grand cerf qui, comme je l'ai dit, se rapprochait *par la taille* du cerf du Canada, et qui a complètement disparu plus tard de nos contrées. En outre, l'industrie est encore magdalénienne à ce niveau. Par suite, nous nous trouvons dans le quaternaire, mais bien près de la fin de cette époque.

Dans cette hypothèse tous les faits s'expliquent aisément. Pour déposer les premiers cadavres à la profondeur où ils gisaient il a fallu creuser cette vaste fosse dont la paroi postérieure était encore bien visible au moment de la découverte, et la chose n'a plus rien de surprenant, car ce n'est pas un puits de huit mètres au moins qu'il a été nécessaire de creuser, mais une simple tranchée, à peine de la hauteur d'un homme. On s'explique avec la même facilité les différences constatées entre les instruments en silex recueillis dans la sépulture elle-même et ceux qui ont été rencontrés au même niveau, mais en dehors de la fosse. Les premiers sont des lames atteignant jusqu'à 26 centimètres de longueur sur 5 centimètres de largeur; les seconds sont, au contraire, remarquables par leurs dimensions réduites. On comprend encore l'existence dans la sépulture inférieure de ces jolies pendeloques en os, si bien travaillées, dans lesquelles on a de la peine à voir l'œuvre des successeurs immédiats des hommes qui ont taillé les grossiers instruments de la couche de l'éléphant.

En somme, je reste convaincu que les squelettes rencontrés dans la sépulture inférieure ne sont pas exactement contemporains de l'assise au milieu de laquelle ils gisaient. Néanmoins, je le répète, ni les grandes lames de silex ni les objets de parure n'ont un facies *nettement néolithique*. J'ai pu, lors de mon dernier voyage aux Baoussé-Roussé, examiner les ornements en forme de double olive qui n'avaient été découverts qu'après mon premier séjour; j'ai revu les petites pendeloques que j'avais figurées dans *L'Anthropologie*, et j'ai fini par être persuadé, comme M. Boule, qu'ils ont des analogies sérieuses avec certains objets de l'âge du renne. Mais ce que je viens d'exposer dans ce chapitre me porte à croire que c'est à la fin de cet âge que les cadavres découverts par M. Abbo ont été déposés dans la Barma-Grande. Il faut donc reporter un peu plus loin dans le passé que je ne l'avais fait tout d'abord l'âge des squelettes humains des Baoussé-Roussé : au lieu de leur assigner comme date *le début de notre époque géologique*, il faut les faire remonter à *la fin de l'âge du renne*, c'est-à-dire de la période qui a immédiatement précédé les temps actuels et qui n'en a été séparée que par une période de transition indécise, dont il est difficile d'évaluer la durée. Rien, en tout cas, n'autorise, ainsi que l'a fait M. Rivière, à regarder les hommes dont les débris gisent dans les cavernes des Rochers-Rouges comme les contemporains de l'éléphant, du rhinocéros à narines cloisonnées, des grands félins ou du grand ours des cavernes. Chaque fois, en effet, que le sol n'a pas été remué, on rencontre les restes de ces animaux à un niveau bien inférieur à celui qu'occupent les ossements humains, et ils sont accompagnés d'une industrie bien différente, non seulement de celle des sépultures, mais encore de celle qui se trouve dans les couches voisines des squelettes.

CHAPITRE VI

Résumé et Conclusions.

Nous pouvons en quelques pages résumer les conclusions qui ressortent des faits exposés dans les chapitres précédents.

Autant qu'on peut en juger par les renseignements trop vagues que nous donnent plusieurs auteurs, la Barma-Grande s'est présentée dans les mêmes conditions que les autres grottes des Baoussé-Roussé. Ouverte au milieu d'un massif rocheux qui s'est déposé sous la mer, ainsi que le prouvent les nombreuses coquilles marines faisant partie du calcaire qui en constitue les parois, elle était complètement vide au moment où tout le massif est sorti des eaux, sans doute vers la fin des temps tertiaires.

Une fois les grottes exondées, elles ont commencé à se remplir par l'apport de matériaux introduits du dehors. A cette époque vivaient de grands mammifères, aujourd'hui disparus, dont on retrouve les ossements dans la couche qui s'est alors formée. Il n'est pas encore possible d'indiquer les animaux dont les débris gisent tout au fond de la caverne, car les fouilles n'ont pas fait découvrir le sol primitif ; mais on peut affirmer qu'un rhinocéros et un éléphant ont vécu lorsque l'assise la plus inférieure de celles qu'a explorées M. Abbo, s'est déposée. Leurs restes ont été découverts, et on doit admettre qu'ils sont enfouis là depuis l'époque de la formation de la couche, car parmi les pièces recueillies se trouvent un os iliaque d'éléphant et un fémur du même animal qui était encore articulé avec le premier.

L'homme fréquentait dès cette époque les Rochers-Rouges. Il s'abritait dans les grottes et vivait de la chasse.

Cet homme des cavernes, ce troglodyte, fabriquait de grossiers instruments en pierre, dont on retrouve des spécimens dans son habitation. Il employait à cet usage les roches qu'il trouvait sous sa main ; le grès et le calcaire ont été utilisés par lui sur une vaste échelle. Il en tirait des racloirs, des lames, des pointes, etc. Ces outils, ces armes ne sont taillés que d'un côté, comme ceux qui caractérisent l'industrie dite moustérienne ; l'autre face a été éclatée du bloc et apparaît lisse. Ce qui caractérise encore cette industrie, c'est que les outils ne montrent pas les fines retouches qu'on observe sur les instruments d'une époque moins ancienne. Il est vrai que ni le grès, ni le calcaire, ne sont des roches qui se prêtent à un travail soigné. Mais dans la même couche de l'éléphant, quelques outils en silex ont été recueillis ; ils sont, comme les premiers, taillés sur une seule face et les grossières retouches qu'ils présentent dénotent peu d'habileté chez les ouvriers qui les ont façonnés.

Le dépôt a continué à se former après la période pendant laquelle l'éléphant a vécu sur le littoral de la

Méditerranée. La disparition de ce proboscidien aussi bien que du rhinocéros, nous est attestée par l'absence de leurs ossements dans le terrain qui s'est alors formé. Un animal nouveau fait son apparition, c'est le renne. Ses débris n'avaient pas été signalés dans les grottes voisines ; on avait même affirmé qu'il n'avait pas vécu sur le versant méditerranéen des Alpes. Mais, dans la collection d'ossements recueillie par M. Abbo dans la Barma-Grande, M. Marcellin Boule a découvert un fragment de mâchoire inférieure de cet animal. On trouverait peut-être d'autres restes de *Cervus tarandus* au milieu des ossements récoltés au-dessus de la couche inférieure ; mais l'examen de ces débris n'a pas encore était fait avec un soin suffisant.

La présence seule de cette mâchoire permet d'assurer que le renne a vécu dans la contrée, car il n'est pas probable que les chasseurs fissent de longs voyages pour le capturer. Toutefois la rareté de ses restes dans le dépôt de la grotte doit faire supposer qu'il était peu abondant.

L'urus ou bœuf primitif (*Bos primigenius*), un autre bœuf, sans doute le *Bison europæus*, une chèvre, un peu différente de notre chèvre actuelle, le chevreuil (*Cervus capreolus*), le bouquetin (*Capra ibex*), le sanglier (*Sus scrofa*), le cheval (*Equus caballus*), le renard (*Canis vulpes*) se rencontrent avec plus ou moins de fréquence dans la couche dont nous nous occupons. Le cerf commun (*Cervus elaphus*) foisonne un peu plus haut ; il est accompagné d'un autre cerf plus grand, qui se rapproche par la taille du cerf du Canada.

Pendant que se formait le dépôt qui renferme les restes de tous les mammifères que je viens d'énumérer, l'homme habitait toujours les grottes des Rochers-Rouges. Ses traces sont extrêmement nombreuses dans la couche : elles comprennent des armes et des outils en pierre, des instruments en os, des objets de parure, etc. De distance en distance, on a rencontré l'emplacement des foyers où il allumait du feu ; ils sont constitués par un amas de cendres, de charbon et souvent d'os plus ou moins carbonisés. C'est que les ossements des espèces animales rencontrées dans les cavernes n'étaient pas arrivés là par hasard ; ils ont été apportés par les chasseurs qui poursuivaient le gibier dans les environs et qui revenaient chargés de quartiers des animaux qu'ils avaient réussi à abattre. La chair était consommée cuite sans doute, étant données les traces qu'a laissées le feu sur quelques os; puis certains os étaient fendus d'une façon systématique pour en retirer la moelle qu'ils contenaient.

Pour s'emparer du gibier, l'homme fabriquait des pointes en pierre ou parfois en os. La roche dont il se servait alors pour confectionner ses instruments était presque toujours le silex. L'expérience lui avait appris que la pierre à fusil présentait, au point de vue du travail, une grande supériorité sur le grès ou le calcaire, et il avait abandonné ceux-ci. En outre, le chasseur de l'âge du renne avait acquis dans le travail du silex une habileté que n'avaient point ses ancêtres de l'époque de l'éléphant. Lorsqu'il avait ébauché un outil et qu'il n'en était pas satisfait, il le retouchait, l'améliorait, modifiait sa forme en détachant sur une de ses faces, et parfois sur les deux, un nombre plus ou moins considérable de petits éclats. C'est ce qui caractérise les instruments en pierre de cette seconde époque ; aux Baoussé-Roussé, ils se montrent tous de dimensions assez réduites. Quelques outils cependant n'étaient pas retouchés, les *lames* ou couteaux, par exemple, auxquelles on aurait enlevé leur tranchant si on avait essayé de détacher des éclats sur leurs bords.

Au nombre des instruments en pierre trouvés dans la couche qui surmonte celle de l'éléphant, je citerai, en dehors des lames, les *grattoirs* simples ou doubles, les *grattoirs-burins*, les *burins*, les *perçoirs*, et les *pointes*. Tous ces instruments, que j'ai décrits au chapitre III, appartiennent à l'industrie dite *magdalénienne*. L'existence du burin parmi les outils en silex dénote que l'homme de cette époque travaillait l'os ; j'ai déjà mentionné les *pointes* qu'il fabriquait avec cette matière première ; je pourrais citer encore les *poinçons* et les *lissoirs,* sans parler de quelques outils trouvés dans les autres grottes et dont on trouvera plus haut l'énumération.

Mais l'os ne servait pas seulement à fabriquer des outils usuels ; il était encore souvent employé pour la confection des *objets de parure* (pendeloques diverses). Des canines de cerf, des vertèbres de poisson, des coquilles marines, dans lesquelles on pratiquait une ouverture pour les enfiler, entraient pour une bonne part dans la confection des ornements dont s'affublaient les troglodytes de l'âge du renne.

Ces gens paraissent, en effet, avoir poussé fort loin le goût de la parure. Ils étaient doués, d'ailleurs, d'un certain sentiment artistique et ils ont exécuté des gravures et des sculptures, en petit nombre, il est vrai. Une statuette en stéatite, deux objets gravés, l'un en stéatite, l'autre en schiste, ont été rencontrés en 1884, dans la Barma-Grande, par M. Julien, qui les a vendus douze ans plus tard au musée de Saint-Germain-en-Laye. La statuette, de 47 millimètres de hauteur seulement, représente une femme nue avec des seins et des fesses énormes. Elle rappelle d'une manière frappante les statuettes en ivoire que M. Piette a recueillies dans les couches de la fin de l'époque quaternaire, à Brassempouy. Quant aux objets gravés, ils sont simplement décorés de dessins géométriques.

Nous ignorons quelle était l'épaisseur de l'assise de l'âge du renne. Les couches superficielles du dépôt de la Barma-Grande n'ont pas été explorées d'une façon méthodique et il a fallu la découverte des sépultures dont je parlerai plus loin pour qu'on songeât à faire des recherches sérieuses dans les terres qui n'avaient pas été enlevées. Il est probable qu'en explorant attentivement la surface du terrain de remplissage on aurait rencontré des objets de l'époque néolithique, car des trouvailles de ce genre ont été faites dans d'autres cavernes, ainsi que je l'ai rappelé. On m'a bien cité une hache en pierre polie qui aurait été ramassée à une faible profondeur dans la Barma-Grande ; mais ne l'ayant pas vue et n'ayant aucun renseignement positif sur son gisement, je me garderai d'insister.

Ce qui semble incontestable, c'est que des remaniements partiels ont eu lieu à certains niveaux. C'est ainsi que s'explique la présence, à des hauteurs assez grandes, d'objets qui ressemblent étrangement à ceux du fond. Des morceaux de brèches trouvés à 4, 5 et 6 mètres au-dessus de l'assise de l'éléphant, contenaient de grossiers instruments en grès et paraissaient avoir été détachés de la couche inférieure. Ces morceaux, d'ailleurs, n'atteignaient jamais le volume de la tête et étaient placés au milieu d'un terrain d'une nature toute différente. Le dépôt devait se terminer en avant en forme de talus oblique et les couches inférieures devaient s'avancer au delà de celles qui les surmontaient ; aussi étaient-elles facilement accessibles à l'entrée de la caverne et n'est-il pas surprenant qu'on en ait retiré, longtemps après leur formation, des objets qui ont été transportés dans l'habitation.

Des ossements humains existent-ils dans la couche de l'éléphant ? C'est une question qui n'est pas résolue à l'heure actuelle, car cette couche n'a encore été explorée que sur une partie de son étendue. Il ne serait pas étonnant qu'on découvrît quelque jour les restes de l'homme lui-même à ce niveau, puisque les outils qu'on y a rencontrés démontrent que nos ancêtres fréquentaient déjà la Barma-Grande. Dans la couche de l'âge du renne, des cadavres avaient été inhumés : en 1884, M. Julien avait découvert un premier squelette ; en 1892, M. Abbo en mit trois au jour et, en

1894, il en rencontra deux autres, dont un était entièrement carbonisé. Par conséquent, les grottes, tout en servant d'habitations, servaient aussi de sépultures.

Nous ne sommes guère renseignés sur la trouvaille de M. Julien; mais nous avons des détails circonstanciés sur les conditions dans lesquelles ont été trouvés les squelettes découverts depuis sept ans. Les trois qui furent mis au jour en 1892 avaient été inhumés dans une fosse dont on voyait encore nettement la paroi postérieure; ils reposaient à 3 m. 70 au-dessus de l'endroit où a été rencontré le bassin d'éléphant. Les deux derniers étaient placés à 1 m. 60 au-dessus des premiers, et tandis que ceux-ci n'étaient qu'à un mètre environ de l'entrée de la caverne, réduite à ses dimensions actuelles, les autres étaient plus près du fond.

Il semble qu'aucun rite funéraire ne présidait à la position qu'on donnait au cadavre : tantôt il était allongé sur le dos, tantôt il était couché sur le côté. Le corps était dirigé dans le sens de la longueur de la grotte ou en travers.

Au fond de la première fosse, un lit de terre ferrugineuse, prise dans les montagnes voisines, avait été étendu pour coucher les trois cadavres (un homme, une femme et un adolescent), qu'on avait ensuite recouverts d'une couche de la même terre. Lorsque la putréfaction eut accompli son œuvre, le peroxyde de fer, en contact direct avec les os, les colora, comme il colora les divers objets de parure qui avaient été ensevelis avec les morts. D'après les observations faites dans les autres grottes par M. Rivière, cette coutume était d'un usage courant pour les adultes, mais les jeunes enfants n'étaient pas inhumés dans une couche de terre colorante.

Un mobilier funéraire a été rencontré dans toutes les sépultures. Les sujets adultes, hommes et femmes, aussi bien que l'adolescent, avaient habituellement auprès d'eux de grandes lames de silex, atteignant jusqu'à 26 centimètres de longueur et bien différentes, par conséquent, à ce point de vue, des petits outils en silex recueillis dans le voisinage. Tantôt la lame était placée sous la tête, tantôt au niveau de la main gauche; une fois (observation de M. Julien) le cadavre portait une grande lame sur chaque épaule. Au lieu d'une lame de silex, le quatrième squelette de M. Abbo avait un morceau de gypse à proximité de la main, également du côté gauche. Cette main était ramenée au niveau du menton, fait qui a été observé plusieurs fois.

En dehors des instruments dont il vient d'être question, chaque cadavre avait avec lui ses objets de parure. Sur la tête, de petites coquilles marines du genre *nassa*, toutes perforées, semblent indiquer que les individus portaient habituellement une sorte de résille dans les mailles de laquelle étaient enfilées ces coquilles. Des canines de cerf perforées et souvent décorées de stries (fig. 6 et 7), de jolies pendeloques en os (fig. 8), habilement sculptées et décorées avec goût, servaient à compléter l'ornementation de la tête.

Des colliers, composés de coquilles, de vertèbres de poisson ou de canines de cerf, parfois de toutes ces pièces réunies et disposées avec symétrie (fig. 10), ont été trouvés au cou de certains cadavres. Une pendeloque particulière, en forme de double olive, taillée dans un morceau d'os et ornée de rangées de petites stries parallèles, a été recueillie soit au niveau de la poitrine, soit près de la main du mort.

Enfin des coquilles perforées, du genre *cypræa*, gisaient de chaque côté des genoux de l'un des hommes et avaient été vraisemblablement enfilées dans une sorte de jarretière.

Et, si nous voulions quitter la Barma-Grande pour nous transporter dans les autres grottes, nous aurions encore à signaler des bracelets, des pagnes en coquilles (*nassa neritea*), etc.

L'incinération n'a été constatée qu'une seule fois. Le sujet brûlé avait les jambes ramenées sous les cuisses et les pieds à la hauteur du siège. Il gisait tout au fond de la caverne, en arrière et au même niveau que le quatrième squelette découvert par M. Abbo.

Tous les sujets dont les restes ont été mis à jour soit dans la Barma-Grande, soit dans les autres grottes, appartiennent à une seule et même race ; les différences qu'on peut noter ne sont que des différences individuelles, ou bien elles sont dues à l'âge ou au sexe.

La race qui vivait aux Baoussé Roussé était de grande taille ; quelques hommes atteignaient près de deux mètres. Les individus étaient aussi remarquables

par leur robusticité que par leur stature : les muscles,
par exemple, qui s'attachent au bord postérieur du
fémur étaient si développés que leur surface d'inser-
tion forme une véritable colonne en arrière de l'os.
Le tibia offre cet aplatissement transversal si singulier
qu'on a désigné sous le non de *platycnémie;* il est,
néanmoins, aussi robuste que le reste du squelette.

La tête présente des caractères extrêmement accusés.
En général, lorsque, dans une race, le crâne est allongé
d'avant en arrière, la face est allongée de haut en bas.
Chez nos individus des Baoussé-Roussé il n'en est pas
de même : la tête est dysharmonique au plus haut
point. Tandis que leur crâne est très développé en
longueur par rapport à sa largeur, leur face se déve-
loppe au contraire beaucoup en largeur et fort peu en
hauteur. Si on regarde le crâne par le haut, on voit
qu'au lieu d'offrir une forme elliptique, il affecte une
forme pentagonale par suite de la saillie notable que
font les bosses pariétales. Quand on l'examine de profil, on observe les particularités suivantes : la courbe
frontale est belle, fort régulière, ainsi que la courbe
pariétale antérieure. En arrière, les pariétaux s'aplatissent et le méplat qui se voit dans cette région se
prolonge sur la portion supérieure de l'écaille occipi-
tale ; au-dessous, l'occipital se renfle brusquement,
puis il s'aplatit de nouveau à la base.

J'ai noté la grande largeur de la face. Toutefois ce
développement exagéré du visage en travers ne porte
que sur le haut et la partie moyenne ; en bas, au contraire, dans la région maxillaire, il se rétrécit sensi-

blement. Les arcades sourcilières, très saillantes dans leur partie interne, s'effacent complètement en dehors. Les orbites sont très larges et très basses ; elles affectent la forme d'un rectangle, car leurs angles sont à peine arrondis. Le nez est saillant et plutôt étroit que large.

Il existe un certain degré de prognathisme sous-nasal. Les maxillaires, malgré leur étroitesse relative, se font remarquer par leur robusticité. Signalons encore la forme triangulaire et la saillie du menton, ainsi que la forte usure des dents.

Tous les caractères que je viens de résumer sont ceux que nous montre la race de Cro-Magnon, qui a vécu dès l'âge du renne dans le sud-ouest de la France. C'était également une race troglodyte, c'est-à-dire vivant dans les cavernes, qui avait des mœurs et une industrie rappelant ce que nous avons constaté aux Baoussé-Roussé. C'est incontestablement à cette race qu'il faut rattacher nos individus des Rochers-Rouges.

Et cependant on peut se demander si les gens dont les restes ont été découverts dans la Barma-Grande et dans les grottes voisines ont bien vécu pendant l'époque quaternaire. Nous savons, en effet, que la race de Cro-Magnon comptait encore, dans notre pays, de nombreux représentants au début de la période de la pierre polie ; elle pouvait également en avoir dans les environs de Menton. L'existence de cette fosse que j'ai signalée dans la Barma-Grande était une des raisons qui devaient conduire à se poser cette question ; car on comprend très bien que des hommes aient creusé une fosse dans une couche quaternaire pour y déposer leurs morts, sans avoir vécu à l'époque où cette couche était en voie de formation. L'absence d'ossements d'animaux réellement caractéristiques des temps quaternaires à côté des cadavres, la présence, dans les sépultures, de ces grandes lames de silex si différentes des petits outils rencontrés au même niveau dans le reste de la grotte, la perfection de certains objets de parure m'avaient fait penser tout d'abord que nos Cro-Magnons des Baoussé-Roussé avaient été enterrés dans les cavernes au début de notre époque géologique, lorsque l'homme ne polissait pas encore ses instruments de pierre et ne faisait pas de poteries. Mais les études complémentaires que j'ai pu faire cette année m'ont amené à modifier légèrement ma première opinion.

Les derniers squelettes découverts par M. Abbo doivent être considérés comme contemporains de ceux qu'il avait trouvés en 1892. Leurs caractères physiques sont les mêmes et le mobilier funéraire est absolument identique dans les deux cas. Les derniers gisent, cependant, à 1 m. 60 au-dessus des autres et cette différence de niveau ne peut pas s'expliquer par le seul fait de l'inclinaison des assises. Mais les derniers cadavres, quoique je n'aie à ce sujet aucun renseignement positif, ont dû être déposés à la surface du sol ou dans une fosse très peu profonde. Ce qui me fait émettre cet avis, c'est la présence du squelette carbonisé qui n'aurait pu être incinéré au fond d'une profonde tranchée, car la combustion des matériaux

à employer pour l'opération n'aurait pas, dans ce cas,
été assez active pour brûler les chairs et les os. Il faut
donc admettre que les derniers cadavres ont été déposés à l'endroit où on a rencontré leurs restes à l'époque
où le remplissage de la caverne arrivait jusqu'à ce
niveau. Pour expliquer que les restes d'individus
décédés à la même époque se trouvent sensiblement
au-dessous, il suffit d'admettre que, pour ceux-ci, on
a creusé une fosse d'une certaine profondeur, hypothèse parfaitement acceptable puisque j'ai pu, je le
répète, constater très nettement, en présence de
témoins, les traces de cette tranchée.

Mais, lorsque le remplissage avait atteint le niveau
que je viens d'indiquer, l'époque quaternaire touchait
à sa fin. Les animaux dont les ossements ont été
découverts à cette hauteur ne comptent plus d'espèces
franchement caractéristiques de cette époque. Il y a
bien encore un cerf de grande taille, ressemblant, à ce
point de vue, au cerf du Canada, qui a aujourd'hui
totalement disparu de nos contrées, peut-être aussi
quelques représentants du Bœuf primitif, mais c'est
tout. Cependant, certaines pendeloques en os exami-
nées de nouveau, d'autres qui n'ont été trouvées
qu'après mon premier voyage, rappellent certains
objets quaternaires. Aussi ai-je cru devoir vieillir un
peu les sépultures et les rapporter à la fin des temps
quaternaires, opinion qui diffère peu de la première
que j'avais émise, puisque lorsque l'époque quaternaire
finit c'est notre époque qui débute. La transition n'a
pas été brusque ; l'hiatus qu'on supposait jadis avoir

existé entre les deux époques se comble tous les jours.
Les découvertes de M. Piette ont fortement contribué
à combler cette lacune, et, de plus en plus, on voit
que la transition entre la période de la pierre taillée
et celle de la pierre polie s'est faite d'une manière
insensible. Il n'est donc pas étonnant qu'on soit souvent fort embarrassé pour attribuer avec quelque certitude une trouvaille à telle ou telle époque. C'est ce
qui s'est produit pour les Baoussé-Roussé. Néanmoins,
les découvertes faites par M. Abbo dans la Barma-
Grande ont fait faire un pas sérieux à la question;
elles ont démontré qu'il est impossible de regarder,
ainsi qu'on l'a écrit, les troglodytes des Rochers-Rouges
comme les contemporains de l'éléphant et du rhinocéros. Les restes de ces animaux gisent en bas du
dépôt; ceux de l'homme se rencontrent à un niveau
bien plus élevé.

TABLE DES MATIÈRES

IMPRIMERIE A.-G. LEMALE, HAVRE.